高职高专土建类专业系列规划教材

工程测量实训与技能考核

王天成　张志伟　**主　编**
李晓琳　李　昂　李思齐　**副主编**
张宪丽　**主　审**

U0261361

中国铁道出版社有限公司
CHINA RAILWAY PUBLISHING HOUSE CO., LTD.

内 容 简 介

本书依据高职高专土建工程专业人才培养目标和定位要求,结合路桥工程施工工作过程而编写。全书主要包括三部分内容:课间实训项目、综合实训项目和考核题库。其中,课间实训项目部分包含 8 个项目:高程测量、角度测量、距离测量、使用全站仪测量及测设、测设工作、控制测量、桥梁结构物平面定位放样、道路测量,共 19 个实训。综合实训项目部分包括路桥工程测量综合技能训练和房屋建筑综合技能训练两个实训。考核题库部分包括 4 个考核项目:高程测量与测设、角度测量与测设、使用全站仪测量及测设、专业测设,共设置 15 个试题,考核者通过抽取题签然后在指定的场地使用规定的仪器设备完成相应的预设考核内容。

本书适合作为高职高专土建工程技术专业的实训与技能训练教材,也可作为企业职业技能培训教材,还可供从事土建施工管理的技术人员参考使用。

图书在版编目(CIP)数据

工程测量实训与技能考核 / 王天成,张志伟主编. —北京:
中国铁道出版社,2021.1
高职高专土建类专业系列规划教材
ISBN 978 - 7 - 113 - 20427 - 3

Ⅰ. ①工… Ⅱ. ①王… ②张… Ⅲ. ①工程测量—高等职业
教育—教材 Ⅳ. ①TB22

中国版本图书馆 CIP 数据核字(2015)第 110289 号

书　名：	工程测量实训与技能考核	
作　者：	王天成　张志伟	
策　划：	邢斯思	编辑部电话:(010)51873240
责任编辑：	张丽娜　彭立辉	
封面设计：	刘　颖	
封面制作：	白　雪	
责任校对：	王　杰	
责任印制：	樊启鹏	

出版发行:中国铁道出版社有限公司(100054,北京市西城区右安门西街 8 号)
网　　址:http://www.tdpress.com
印　　刷:北京建宏印刷有限公司
版　　次:2015 年 7 月第 1 版　　2021 年 1 月第 2 次印刷
开　　本:787 mm×1 092 mm　1/16　印张:15.25　字数:369 千
书　　号:ISBN 978 - 7 - 113 - 20427 - 3
定　　价:42.00 元

本 书 编 写 组

主　　编：王天成、张志伟（哈尔滨职业技术学院）

副 主 编：李晓琳（哈尔滨职业技术学院）

　　　　　李　昂（哈尔滨职业技术学院）

　　　　　李思齐（哈尔滨广播电视大学）

参　　编：杨化奎（哈尔滨职业技术学院）

　　　　　杜清林（哈尔滨科学技术职业学院）

　　　　　李维维（哈尔滨职业技术学院）

　　　　　王海涛（黑龙江农垦职业学院）

　　　　　王月超（哈尔滨职业技术学院）

　　　　　孙玉成（哈尔滨龙广市政工程有限公司）

　　　　　杨洪波（龙建路桥股份有限公司）

主　　审：张宪丽（哈尔滨铁道职业技术学院）

前 言
FOREWORD

　　测量放样是贯穿于土建工程施工全过程的一项工作。本书根据高职院校的培养目标,按照高职院校教学改革和课程改革的要求,以企业调研为基础,确定工作任务,明确课程目标,制定课程设计的标准;以能力培养为主线,与企业合作,共同进行课程的开发和设计。编制工程测量实训与技能考核教材的目的是培养学生具有测量员岗位的职业能力,在掌握基本操作技能的基础上,着重培养学生测量方法的运用,以解决施工现场的复杂施工问题。

　　选择真实的土建工程测量工作任务为主线进行教学,以实训任务为导向,注重理论联系实际。在教学中以培养学生的测量方法运用能力为重点,以使学生全面掌握仪器的操作使用为基础,以培养学生现场分析、解决问题的能力为终极目标;在校内教学过程中尽量实现实训环境与实际工作全面结合,使学生在真实的工作过程中得到锻炼,为学生在生产实习及顶岗实习阶段打下良好的基础,使学生毕业时就能直接顶岗工作。

　　本书由哈尔滨职业技术学院王天成、张志伟任主编,负责确定编制的体例、统稿工作;哈尔滨职业技术学院李晓琳、李昂及哈尔滨广播电视大学李思齐任副主编,负责审核实训任务及考核试题的规范性、标准性工作,并承担相应编写任务。其中,王天成负责编写课间实训项目的实训八、九、十五、十六、十七,综合实训项目部分的综合实训一,考核题库部分的工程测量课程技能考核大纲及考核项目三中的考核试题八、九;张志伟负责编写课间实训项目的实训一、二、三及附录A;李晓琳负责编写课间实训项目的实训十四、十八、十九及考核题库中的考核试题十、十一;李昂负责编写课间实训项目的实训五、六及综合实训项目的综合实训二;李思齐负责编写测量实训须知、课间实训项目的实训四及考核题库中的考核试题一、二;哈尔滨职业技术学院杨化奎负责编写课间实训项目的实训十一、十二;哈尔滨科学技术职业学院杜清林负责编写课间实训项目的实训七及考核题库中的考核试题五、六、七;哈尔滨职业技术学院李维维负责编写课间实训项目的实训十及考核题库中的考核试题三、四;黑龙江农垦职业学院王海涛负责编写课间实训项目的实训十三及考核题库中的考核试题十二、十三;哈尔滨职业技术学院王月超负责编写考核题库中的考核试题十四、十五;哈尔滨龙广市政工程有限公司孙玉成和龙建路桥股份有限公司杨洪波负责协助主编进行所有实训项目的实践性审核工作。

　　本书由哈尔滨铁道职业技术学院张宪丽教授主审,并提出了宝贵的审定建议,哈尔滨职业技术学院教务处处长孙百鸣教授及教务总管王莉力教授,在教材编写及审定过程中给予了指导,在此一并表示感谢。

　　由于时间仓促,编写组的业务水平和教学经验有限,书中难免有疏漏与不妥之处,恳请广大读者批评指正,并提出宝贵建议。

编　者

2015 年 3 月

目 录
CONTENTS

测量实训须知

　　工程测量的理论教学、课间实训教学和综合实训教学是工程测量课程的 3 个重要环节,只有坚持理论与实践密切结合,通过测量仪器的操作、观测、记录、计算等实训,才能巩固基本理论知识,掌握工程测量的基本原理和基本技术方法,才能学会应用测量技术,去解决实际工程中的问题。

　　在实验、学习中,学生将接触各种仪器和工具。因此,爱护仪器是我们必须注意的问题。测量仪器属于精密贵重物品,使用时,必须遵守操作规程,并严格执行测量实验室的各项规章制度。

　　为了使每位同学都能掌握测绘技能,在任务完成过程中,每组同学都应密切配合,团结合作,互教互学,共同努力,按照各次实训的目的和要求,认真完成任务。

一、实训目的与要求

1. 实训目的

　　(1)初步掌握测量仪器的基本构造、性能和操作方法。

　　(2)正确掌握观测、记录和计算的基本方法,求出正确的测量结果。

　　(3)巩固并加深测量理论知识的学习,使理论和实践密切相结合。

　　(4)加强实践技能训练,提高动手能力。

　　(5)培养学生严谨认真的科学素养、团结协作的团队意识、吃苦耐劳的坚韧品格。

2. 实训要求

　　(1)实训前,必须预习实训指导作业书,弄清实训目的、要求、所使用的仪器和工具、实训方法和步骤以及实训注意事项。

　　(2)每次实训开始前,以小组为单位两人到仪器室领取实训仪器和工具,并主动做好仪器使用登记工作。

　　(3)领到仪器后,到指定实训地点集中,待指导老师讲解后,方可开始实训。

　　(4)每次实训,各小组组长应根据实训内容进行适当的人员分工,并注意工作轮换。

　　(5)遵守实训纪律,保证实训任务的完成。

　　(6)爱护测量仪器和工具。实训过程中或结束后,如发现仪器或工具有损坏、遗失等情况,应及时报告指导老师,待查明原因后,做出相应的处理。

　　(7)未经指导老师许可,不得任意将测量仪器和工具转借他人或带回宿舍。

　　(8)严禁在实训过程以仪器箱作为休息的底座或者使用工具进行打闹。

二、测量仪器的借领与使用要求

1. 测量仪器的借领

　　(1)每次实训,应以事先分组为单位,由课代表组织各小组长与一名组内成员到仪器室借领仪器和工具。

　　(2)借领者应当面检查,并在借领单上签字,经同意后将仪器拿出仪器室。

　　(3)搬运仪器时,必须轻拿轻放,避免由于剧烈震动而损坏仪器。

（4）借出的仪器工具，未经指导老师同意不得与其他小组调换或转借。

（5）实习结束后，各组应仔细清点所用仪器工具，如数交还仪器室。

2. 测量仪器的使用

（1）开箱前应将仪器箱放在平坦处。

（2）仪器架设时，保持一手握住仪器，一手去拧连接螺栓，最后旋紧连接螺栓。

（3）仪器安置后，不论是否使用，必须有专人看护。

（4）仪器光学部分，包括物镜、目镜、放大镜等有灰尘或水珠时，严禁用手、纸张擦拭，应报告指导老师，用专用工具处理。

（5）转动仪器时，应先松制动螺旋，再平稳转动，并切忌螺旋不要旋到极端。

（6）使用过程中如发现仪器转动失灵或有异样声音，应立即停止工作，对仪器进行检查，并报告实训室，切不可任意拆卸或自行处理。

（7）勿使仪器淋雨或曝晒。

（8）远距离搬迁仪器时，必须装箱后进行；近距离搬迁，可将仪器的制动螺旋松开，收拢三脚架，连同仪器一并夹于腋下，一手托住仪器，一手抱三脚架并呈微倾斜状态进行搬迁，切不可将仪器扛在肩上搬迁。

（9）如果仪器盒子不能盖严，应检查仪器的放置是否正确，不可强行关箱。

三、测量的记录与计算要求

1. 测量记录

（1）记录填写使用铅笔或者钢笔进行，不允许乱画。

（2）观测者读数后，记录者应随即在测量手簿中的相应栏内填写，并复诵回报以检核。不得另纸记录事后转抄。

（3）记录时要求字体端正清晰、数位对齐、数字齐全。

（4）观测数据的尾数不得涂改，读数或记错后，必须重测重记。例如，角度测量时，秒级数字出错，应重测该测站；钢尺量距时，毫米级数字出错，应重测该尺段。

（5）观测数据的前几位出错时，如米、分米、度等，则在错误数字上画细斜线，并保持原始数据部分的字迹清楚，同时将正确数字记在其上方。注意不得涂擦已记录的数据。

（6）记录数据修改后或观测成果废去后，都应在备注栏内写明原因（如测错、记错或超限）。

（7）严禁伪造观测记录数据，一经发现，将取消实训成绩并严肃处理。

2. 测量计算

（1）每站观测结束后，必须在现场完成规定的计算和校核，确认无误后方可迁站。

（2）测量计算时，数字进位应遵循"四舍六入，五前单进双舍"的原则。比如，对 1.534 4 m、1.533 6 m、1.533 5 m、1.534 5 m 这几个数据，则均应记为 1.534 m。

（3）测量计算时，数字的取位规定：水准测量视距应取位至 1.0 m，视距总和取位至 0.01 km，高差中数取位至 0.1 mm，高差总和取位至 1.0 mm，角度测量的秒取位至 1.0″。

（4）观测手簿中，对于有正负意义的量，记录计算时，一定要带上"＋"号或"－"号，不能省略。

（5）简单计算，如平均值、方向值、高差等，应边记录、边计算，以便超限时能及时发现问题并立即重测。较为复杂的计算，可在实训完成后及时计算。

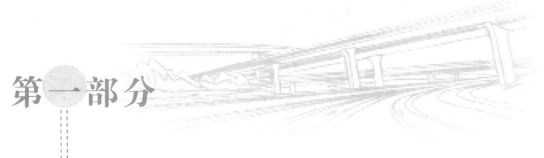

第一部分

课间实训项目

项目一　高程测量

实训一　高差法和视线高程法测量

一、实训目标

(1)掌握 DS_3 水准仪各部分构造组成的名称、位置和作用。

(2)掌握测量仪器的开箱、拿取、使用及装箱的相关注意事项。

(3)掌握 DS_3 水准仪的架设、粗略整平、瞄准、精平与读数各个操作环节的操作。

(4)掌握用高差法、视线高程法(简称视高法)进行一个测站的简单水准测量的观测方法。

二、实训准备与要求

(一)实训准备

1. 场地条件

准备光线充足的室内或室外场地,无雨天的室外是最好的,室外场地长宽至少30 m。可以选择宽阔的广场或路边人行道上进行操作练习。

2. 设备条件

使用 DS_3 微倾式水准仪,精度为每千米中误差 ±3 mm,要求状态良好,无部件损坏情况;与仪器配套的支架要求架头牢固,架腿伸缩自如,螺钉应固紧,架身无晃动,架腿支好后无滑动现象。

3. 工具及材料条件

每组准备 3 m 长的水准尺 1 根。

（二）教师准备

提前布置实训任务,让学生预习有关知识;按照预先的每5人分组,准备好实训材料和工具,制定好实训程序和步骤,指导学生进行实训活动。

（三）学生准备

做好知识的预习与储备,掌握水准测量的方法;提前分析测量高差的工作程序,严格遵照实训指导书的操作要求和注意事项,按照组内分工积极参与实训活动。

（四）安全与文明要求

学生听从指导教师的安排及指挥,不在测量作业面上相互打闹;保护好测量仪器及工具;遵守测量实训须知的安全与文明要求;主动保护模拟施工场地上的各种测量标记,发现标记移动或损毁后要第一时间上报指导教师。

（五）参考资料

《GB 50026—2007 工程测量规范》《测量员岗位工作技术标准》《路桥工程测量技术》《土建工程测量》等。

三、实训内容

（一）认识仪器并掌握仪器的使用操作步骤

了解 DS$_3$ 微倾式水准仪各部分构造组成的名称、位置和作用。掌握 DS$_3$ 水准仪的架设、粗略整平、瞄准、精平与读数各个操作环节的操作,掌握该仪器的使用方法,熟悉水准尺的分划注记,精确读数。

（二）练习并掌握高差法、视高法

掌握用高差法、视高法进行一个测站水准测量的观测方法,完成记录及计算等内业工作。

四、实训步骤和方法

（一）认识仪器并掌握仪器的使用操作步骤

1. 认识仪器

DS$_3$ 微倾式水准仪构造如图 1.1 所示。

2. 仪器的使用操作步骤

普通水准仪使用操作的主要内容按程序分为:安置仪器、粗略整平、瞄准水准尺、精确整平和立即读数。

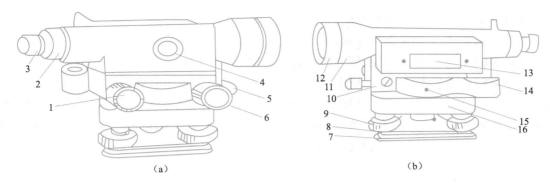

（a）　　　　　　　　　　　　　　　（b）

图 1.1　DS₃ 微倾式水准仪构造

1—微倾螺旋；2—分划板护罩；3—目镜；4—物镜调焦螺旋；5—制动螺旋；
6—微动螺旋；7—底板；8—三角压板；9—脚螺旋；10—弹簧帽；11—望远镜；
12—物镜；13—管水准器；14—圆水准器；15—连接小螺钉；16—轴座

（1）安置仪器。安置水准仪的基本方法是：张开三脚架，根据观测者的身高，调节好架腿的长度，使其高度适中，目估架头大致水平，取出仪器，用连接螺旋将水准仪固定在架头上。地面松软时，应将三脚架腿踩入土中，在踩脚架时应注意使圆水准气泡尽量靠近中心。

（2）粗略整平。粗略整平简称粗平，就是通过调节仪器的脚螺旋，使圆水准气泡居中，以达到仪器纵轴铅直、视准轴粗略水平的目的。基本方法：如图 1.2（a）所示，设气泡偏离中心于 a 处时，可先选择一对脚螺旋①、②，用双手以相对方向转动两个脚螺旋，使气泡移至两脚螺旋连线的中间 b 处，如图 1.2（b）所示；然后，再转动脚螺旋③使气泡居中，如图 1.2（b）、图 1.2（c）所示。此项工作应反复进行，直至在任意位置气泡都居中。气泡的移动规律是，其移动方向与左手大拇指转动脚螺旋的方向相同。

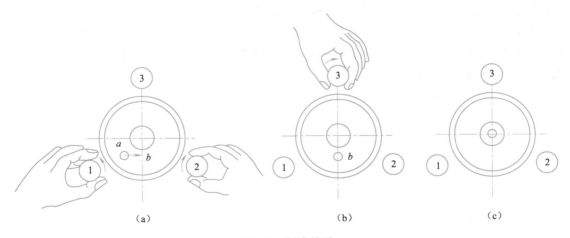

（a）　　　　　　　　　　　　（b）　　　　　　　　　　　　（c）

图 1.2　粗略整平

（3）瞄准水准尺。瞄准就是使望远镜对准水准尺，清晰地看到目标和十字丝成像，以便准确地进行水准尺读数。基本方法如下：

①初步瞄准：松开制动螺旋，转动望远镜，利用镜筒上的照门和准星连线对准水准尺，然后拧紧制动螺旋。

②目镜调焦:转动目镜调焦螺旋,直至清晰看到十字丝。

③物镜调焦:转动物镜调焦螺旋,使水准尺成像清晰。

④精确瞄准:转动微动螺旋,使十字丝的纵丝对准水准尺像。

⑤瞄准时应注意清除视差。所谓视差,就是当目镜、物镜对光不够精细时,目标的影像不在十字丝平面上(见图1.3),以致两者不能被同时看清。视差的存在会影响瞄准和读数精度,必须加以检查并消除。检查有无视差,可用眼睛在目镜端上下微微地移动,若发现十字丝和水准尺成像有相对移动现象,说明有视差存在。消除视差的方法是仔细地进行目镜调焦和物镜调焦,直至眼睛上下移动读数不变为止。

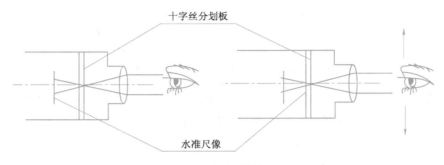

图1.3　消除视差

(4)精确整平、立即读数。精确整平简称精平,就是在读数前转动微倾螺旋使水准管气泡居中(气泡影像符合),从而达到视准轴精确水平的目的。图1.4所示为微倾螺旋转动方向与两侧气泡移动方向的关系。精平时,应徐徐转动微倾螺旋,直至气泡影像稳定符合。

必须指出,由于水准仪粗平后,竖轴不是严格铅直,当望远镜由一个目标(后视)转到另一目标(前视)时,气泡不一定符合,应重新精平,气泡居中符合后才能读数。

当确认气泡符合后,应立即用十字丝横丝在水准尺上读数。读数前要认清水准尺的注记特征,读数时要按由小到大的方向,读取米、分米、厘米、毫米4位数字,最后一位毫米为估读数。图1.5的读数1.337 m。

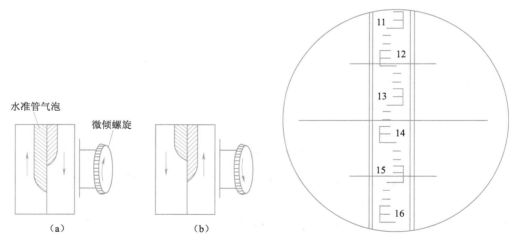

图1.4　符合气泡精平　　　　　　　　图1.5　水准尺读数

精平和读数虽是两项不同的操作步骤,但在水准测量过程中,应把两项操作视为一个整体。即精平后立即读数,读数后还要检查水准管气泡是否符合,否则,应重新符合居中后再读数。这样,才能保证水准测量的精度。

(二)练习并掌握高差法、视线高程法

1. 高差法

如图 1.6 所示,欲测定 B 点的高程,需先测定 A、B 两点间的高差 h_{AB} 设。为此,可在 A、B 两点上竖立水准尺,并在其间安置水准仪,利用水准仪的水平视线分别在 A、B 点水准尺上读数 a、b。由图可知,A、B 两点间的高差公式为

$$h_{AB} = a - b \tag{1.1}$$

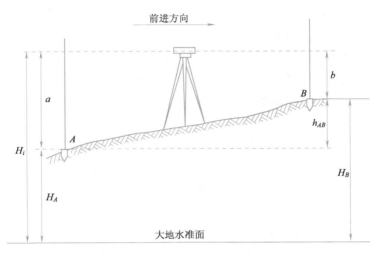

图 1.6　高差法

如果水准测量方向是由已知点 A 到待定点 B 进行的,则 A 点为后视,a 为后视读数;B 点为前视,b 为前视读数。A、B 两点间的高差等于后视读数减去前视读数。当读数 $a > b$ 时,高差为正值,说明 B 点高于 A 点;反之,当读数 $a < b$ 时,则高差为负值,说明 B 点低于 A 点。

如果已知 A 点高程为 H_A 和测得高差为 h_{AB},则 B 点高程为:

$$H_B = H_A + _{AB} \tag{1.2}$$

以上利用高差计算高程的方法,称为高差法。

2. 视线高程法

通常把水准仪望远镜水平视线的高程称为视线高程或仪器高程,用 H_i 表示。

由图 1.6 可知,B 点高程可以通过仪器的视线高 H_i 计算:

$$\left.\begin{array}{l} H_i = H_A + a \\ H_B = H_i - b \end{array}\right\} \tag{1.3}$$

由式(1.3)用视线高程计算 B 点高程的方法,称为视线高程法,也叫仪器高法。当需要安置一次仪器测多个前视点高程时,如图 1.7 所示需要测量道路中线上多个中桩点的高程时,利用视线高程法比较方便。图中 BM_1 为水准点。

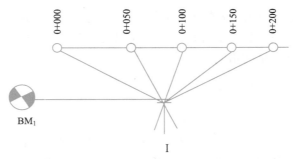

图 1.7 视线高程法

五、注意事项

（1）正确使用仪器各部分螺旋,应注意对螺旋不能用力强拧,以防损坏。
（2）瞄准目标读数前必须消除视差,并使符合水准器气泡居中。
（3）注意水准尺上标记与刻划的对应关系,避免读数发生错误。
（4）水准尺必须扶竖直,掌握标尺刻划规律,不管上下,只管由小到大。

六、高差法和视线高程法实训报告

（一）实训任务书

课 程 名 称		项 目 一	高 程 测 量
实训一	高差法和视线高程法测量	建议学时	3
班 级	学生姓名	工作日期	
实训目标	（1）掌握 DS_3 水准仪各部分构造组成的名称、位置和作用; （2）掌握测量仪器的开箱、拿取、使用及装箱的相关注意事项; （3）掌握 DS_3 水准仪的架设、粗略整平、瞄准、精平与读数各个操作环节的操作; （4）掌握用高差法、视高法进行一个测站的简单水准测量的观测方法		
实训内容	（1）认识仪器并掌握仪器的使用操作步骤: 　了解 DS_3 微倾式水准仪各部分构造组成的名称、位置和作用。掌握 DS_3 水准仪的架设、粗略整平、瞄准、精平与读数各个操作环节的操作,掌握该仪器的使用方法,熟悉水准尺的分划注记,精确读数。 （2）练习并掌握高差法、视高法: 　掌握用高差法、视高法进行一个测站的简单水准测量的观测方法,完成记录及计算等内业计算		
安全与文明要求	学生听从指导教师的安排及指挥,不在测量作业面上相互打闹;保护好测量仪器及工具;遵守测量实训须知的安全与文明要求;主动保护模拟施工场地上的各种测量标记,发现标记移动或损毁后要第一时间上报指导教师		

提交成果	实训报告
对学生的要求	(1) 具备高程测量的基础知识； (2) 具备水准仪构造的知识； (3) 具备几何方面的基础知识； (4) 具备一定的实践动手能力、自学能力、数据计算能力、沟通协调能力、语言表达能力和团队意识； (5) 严格遵守课堂纪律，不迟到、不早退；学习态度认真、端正； (6) 每位同学必须积极参与小组讨论； (7) 完成"高差法和视线高程法"实训报告
考核评价	评价内容：仪器操作正确性和工作效率评价；测量数据的正确性、完整性评价；完成报告的完整性评价；安全文明和合作性评价等 评价方式：由学生自评（自述、评价，占 10%）、小组评价（分组讨论、评价，占 20%）、教师评价（根据学生学习态度、工作报告及现场抽查知识或技能进行评价，占 70%）构成该同学该实训的成绩

（二）实训准备工作

课程名称		项目一	高程测量
实训一	高差法和视线高程法测量	建议学时	3
班　级	学生姓名	工作日期	
场地准备描述			
仪器设备准备描述			
工具材料准备描述			
知识准备描述			

(三) 实训记录

1. 认识仪器并掌握仪器的使用操作步骤

每个同学根据自己认识及使用的仪器操作,了解并掌握水准仪各部件的功能、作用,填写水准仪各部分的名称和作用(填入下表)。

序　号	部　件　名　称	作　　用
1	准星与照门	
2	目镜调焦螺旋	
3	物镜调焦螺旋	
4	制动螺旋	
5	微动螺旋	
6	微倾螺旋	
7	脚螺旋	
8	圆水准器	
9	管水准器	

2. 练习并掌握高差法、视高法

每个同学填写实训记录表一份。

实训记录表格——高差法

测　站	测　点	后视读数/m	前视读数/m	高　差 +	高　差 −	高程/m	备　注
1	A		—			50.000	已知水准点
	B	—					待定水准点
2			—				
	C	—					待定水准点
3			—				
	D	—					待定水准点

实训记录表格——视高法

测站	测　点	后视读数/m	前视读数/m	视线高/m	高程/m	备　注
	A		—		50.000	已知水准点
	B	—				待定水准点
	C	—				待定水准点
1	D	—				待定水准点
	E	—				待定水准点
	F	—				待定水准点
	⋮					

（四）考核评价表

考核项目	考核内容及要求	分值	学生自评（10%）	小组评分（20%）	教师评分（70%）	实　得　分
准备工作（20分）	准备工作完整性	10				
	实训步骤内容描述	8				
	知识掌握完整程度	2				
工作过程（45分）	测量数据正确性、完整性	10				
	测量精度评价	5				
	报告完整性	30				
基本操作（10分）	操作程序正确	5				
	操作符合限差要求	5				
安全文明（10分）	叙述工作过程应注意的安全事项	5				
	工具正确使用和保养、放置规范	5				
完成时间（5分）	能够在要求的 90 min 内完成，每超时 5 min 扣 1 分	5				
合作性（10分）	独立完成任务得满分	10				
	在组内成员帮助下得6分					
总分（ $\sum$ ）		100				

实训二　两点间连续水准测量

一、实训目标

（1）熟练掌握 DS_3 水准仪的架设、粗略整平、瞄准、精平与读数环节的操作。

（2）掌握用高差法进行两点间连续水准测量的观测方法。

二、实训准备与要求

（一）实训准备

1. 场地条件

准备光线充足的室内或室外场地，无雨天的室外是最好的，室外场地可以选择宽阔的广场或路边人行道上进行操作练习，路线长度不小于 200 m。

2. 设备条件

使用 DS_3 自动安平水准仪，精度为每千米中误差 ±3 mm，要求状态良好，无部件损坏情况；与仪器配套的支架要求架头牢固，架腿伸缩自如，螺钉应固紧，架身无晃动，架腿支好后无滑动现象。

3. 工具及材料条件

每组准备 3 m 长的水准尺 2 根。

(二)教师准备

提前布置实训任务,让学生预习有关知识;按照预先的每 5 人分组,准备好实训材料和工具,制定好实训程序和步骤,指导学生进行实训活动。

(三)学生准备

做好知识的预习与储备,掌握水准测量的方法;提前分析测量高差的工作程序,严格遵照实训指导书的操作要求和注意事项,按照组内分工积极参与实训活动。

(四)安全与文明要求

学生听从指导教师的安排及指挥,不在测量作业面上相互打闹;保护好测量仪器及工具;遵守测量实训须知的安全与文明要求;主动保护模拟施工场地上的各种测量标记,发现标记移动或损毁后要第一时间上报指导教师。

(五)参考资料

《工程测量规范》《测量员岗位工作技术标准》《公路工程施工技术规范》《土建工程测量》等。

三、实训内容

地面上有两点,其中 A 为已知水准点(其位置确定,高程已知),欲测量距离 A 点 200 m 以上的另一确定的点 B 的高程。

四、实训步骤和方法

当待测高程点距已知水准点较远或坡度较大时,不可能安置一次仪器测定两点间的高差。这时,必须在两点间加设若干个立尺点作为传递高程的过渡点,称为转点(TP)。这些转点将测量路线分成若干站,依次测出各分站间的高差进而求出所需高差,计算待定点的高程。如图 1.8 所示,设 A 为已知高程点,$H_A = 123.446$ m,欲测量 B 点高程,观测步骤如下:

置仪器距已知 A 点适当距离处(一般不超过 100 m,根据水准测量等级而定),水准仪粗平后,瞄准后视点 A 的水准尺,精平、读数为 $a_1 = 2.142$ m,记入手簿(见表 1.1)后视读数栏内。在路线前进方向且与后视等距离处,选择临时转点 TP_1 立尺,转动水准仪瞄准前视点 TP_1 的水准尺,精平、读数为 $b_1 = 1.258$ m,记入手簿前视读数栏内,此为一测站工作(第二个测站后视读数为 a_2,前视读数为 b_2,各测站读数标示依此类推)。后视读数减前视读数即为 A、TP_1 两点间的高差 $h_1 = a_1 - b_1 = +0.884$ m,填入表 1.1 中相应位置。

第一站测完后,转点 TP_1 的水准尺不动,将 A 点水准尺移至事先选好的临时转点 TP_2 点,安置仪器于 TP_1、TP_2 两点间等距离处,按第一站观测顺序进行观测与计算,依此类推,测至终点 B。

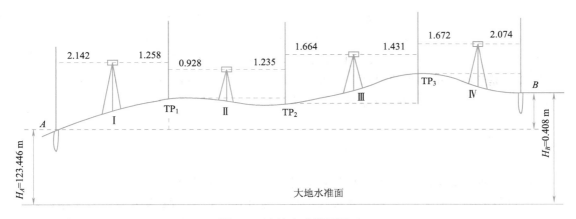

图 1.8　连续水准测量图示

表 1.1　连续水准测量记录手簿

日期：__2014.10.5__　仪器：__DS₃ 水准仪__　观测人：__李 × ×__

天气：__晴,20 ℃__　地点：__校黄炎培广场__　记录人：__黄 × ×__

测站	测　点	水准尺读数		高差/m	高程/m	备　注
		后视读数/m	前视读数/m			
1	BM$_A$	2.142		+0.884	123.446	已知高程
2	TP$_1$	0.928	1.258	−0.307	124.330	
	TP$_2$	1.664	1.235		124.023	
3				+0.233		
	TP$_3$	1.672	1.431		124.256	
4	BM$_B$		2.074	−0.402	123.854	
计算校核		$\sum$ 后 = 6.406	$\sum$ 前 = 5.998	$\sum h = 0.408$	$H_B - H_A = 0.408$	计算无误
		$\sum$ 后 − $\sum$ 前 = 0.408				

显然,每安置一次仪器,便测得一个高差,根据高差计算公式可得：

$$h_1 = a_1 - b_1 = +0.884(\text{m})$$
$$h_2 = a_2 - b_2 = -0.307(\text{m})$$
$$h_3 = a_3 - b_3 = +0.233(\text{m})$$
$$h_4 = a_4 - b_4 = -0.402(\text{m})$$

将各式相加可得：

$$h_{AB} = \sum h = \sum a - \sum b$$

B 点的高程为：

$$H_B = H_A + h_{AB}$$

若逐站推算高程,则

$$H_{TP1} = H_A + h_1 = 123.446 + (+0.884) = 124.330(\text{m})$$

$$H_{TP2} = H_{TP1} + h_2 = 124.330 + (-0.307) = 124.023(m)$$
$$H_{TP3} = H_{TP2} + h_3 = 124.023 + (+0.233) = 124.256(m)$$
$$H_B = H_{TP3} + h_4 = 124.256 + (-0.402) = 123.854(m)$$

表 1.1 是连续水准测量的记录手簿和有关计算,通过计算可得 B 点的高程为:

$$H_B = H_A + h_{AB} = (123.446 + 0.408) = 123.854(m)$$

五、注意事项

(1)正确使用仪器各部分螺旋,应注意对螺旋不能用力强拧,以防损坏。

(2)读数前必须消除视差,注意水准尺上标记与刻划的对应关系,避免读数发生错误。

(3)如使用尺垫,注意在已知点 A 和待定点 B 上不能放置尺垫,但在松软的转点上必须使用尺垫,在仪器迁站时,前视点的尺垫不能移动。

(4)弄清每一个测站的前视点、后视点、前视读数、后视读数、转点的概念,不要混淆。

(5)分清测量路线、测段、测站的概念。

(6)测量记录要认真,计算要精确,一旦有错将会影响后面的所有测量,造成后面全部结果出现错误。

(7)搞清楚已知水准点位置只有后视读数,待测点只有前视读数,转点上既有后视读数又有前视读数。

(8)各测站的视线高度不一样,也就是视线高程不一样。

六、两点间连续水准测量实训报告

(一)实训任务书

课程名称			项 目 一	高程测量
实训二	两点间连续水准测量		建议学时	2
班 级		学生姓名	工作日期	
实训目标	(1)熟练掌握 DS₃ 水准仪的架设、粗略整平、瞄准、精平与读数环节的操作; (2)掌握用高差法进行两点间连续水准测量的观测方法			
实训内容	地面上有两点,其中 A 为已知水准点(其位置确定,高程已知),欲测量距离 A 点 200 m 以上的另一确定的点 B 的高程			
安全与文明要求	学生听从指导教师的安排及指挥,不在测量作业面上相互打闹;保护好测量仪器及工具;遵守测量实训须知中的安全与文明要求;主动保护模拟施工场地的各种测量标记,发现标记移动或损毁后要第一时间上报指导教师			
提交成果	实训报告			
对学生的要求	(1)具备高程测量的基础知识; (2)具备水准仪操作的基础知识; (3)具备水准路线的基础知识;			

对学生的要求	（4）具备一定的实践动手能力、自学能力、数据计算能力、沟通协调能力、语言表达能力和团队意识； （5）严格遵守课堂纪律，不迟到、不早退；学习态度认真、端正； （6）每位同学必须积极参与小组讨论； （7）完成"两点间连续水准测量"实训报告
考核评价	评价内容：仪器操作正确性和工作效率评价；测量数据的正确性、完整性评价；完成报告的完整性评价；安全文明和合作性评价等； 　评价方式：由学生自评（自述、评价，占10%）、小组评价（分组讨论、评价，占20%）、教师评价（根据学生学习态度、工作报告及现场抽查知识或技能进行评价，占70%）构成该同学该实训的成绩

（二）实训准备工作

课 程 名 称		项 目 一	高 程 测 量
实训二	两点间连续水准测量	建议学时	2
班　　级	学生姓名	工作日期	
场地准备描述			
仪器设备准备描述			
工具材料准备描述			
知识准备描述			

(三)实训记录

两点间连续水准测量记录手簿

日期：＿＿＿＿＿＿　　仪器：＿＿＿＿＿＿　　观测人：＿＿＿＿＿＿

天气：＿＿＿＿＿＿　　地点：＿＿＿＿＿＿　　记录人：＿＿＿＿＿＿

测　站	测　点	水准尺读数		高差/m	高程/m	备　注
		后视读数/m	前视读数/m			
1	BM_A				50	已知高程
	TP_1					转点
2	…					可有转点
3	…					可有转点
4	BM_B					待测点
计算校核		$\sum$ 后 =	$\sum$ 前 =	$\sum h =$	$H_B - H_A =$	计算情况
		$\sum$ 后 − $\sum$ 前 =				

(四)考核评价表

考核项目	考核内容及要求	分值	学生自评（10%）	小组评分（20%）	教师评分（70%）	实　得　分
准备工作（20分）	准备工作完整性	10				
	实训步骤内容描述	8				
	知识掌握完整程度	2				
工作过程（45分）	测量数据正确性、完整性	10				
	测量精度评价	5				
	报告完整性	30				
基本操作（10分）	操作程序正确	5				
	操作符合限差要求	5				
安全文明（10分）	叙述工作过程应注意的安全事项	5				
	工具正确使用和保养、放置规范	5				
完成时间（5分）	能够在要求的 90 min 内完成，每超时 5 min 扣 1 分	5				
合作性（10分）	独立完成任务得满分	10				
	在组内成员帮助下得 6 分					
总分（$\sum$）		100				

实训三　闭合水准路线测量

一、实训目标

(1)掌握闭合水准测量的观测程序,掌握闭合水准测量的记录和检核的方法。

(2)掌握闭合水准测量的计算方法,能够进行水准测量的闭合差调整,掌握推求待定点高程的方法。

二、实训准备与要求

(一)实训准备

1. 场地条件

准备光线充足的室内或室外场地,无雨天的室外是最好的,室外场地可以选择宽阔的广场或路边人行道上进行操作练习,路线长度不小于 400 m。

2. 设备条件

使用 DS$_3$ 自动安平水准仪,精度为每千米中误差 ±3 mm,要求状态良好,无部件损坏情况;与仪器配套的支架要求架头牢固,架腿伸缩自如,螺钉应固紧,架身无晃动,架腿支好后无滑动现象。

3. 工具及材料条件

每组准备 3 m 长的水准尺 2 根。

(二)教师准备

提前布置实训任务,让学生预习有关知识;按照预先的每 5 人分组,准备好实训材料和工具,制定好实训程序和步骤,指导学生进行实训活动。

(三)学生准备

做好知识的预习与储备,掌握水准测量的方法;提前分析闭合水准路线测量的工作程序,严格遵照实训指导书的操作要求和注意事项,按照组内分工积极参与实训活动。

(四)安全与文明要求

学生听从指导教师的安排及指挥,不在测量作业面上相互打闹;保护好测量仪器及工具;遵守测量实训须知的安全与文明要求;主动保护模拟施工场地上的各种测量标记,发现标记移动或损毁后要第一时间上报指导教师。

(五)参考资料

《工程测量规范》《测量员岗位工作技术标准》《公路工程施工技术规范》《土建工程测量》等。

三、实训内容

利用自动安平水准仪完成闭合水准路线测量工作，从起始水准点 BM_1（其位置确定，高程已知）出发，按照指定线路进行测量预先设置的 SD_1、SD_2、SD_3 水准点高程，最后返回到起始水准点 BM_1，完成必要的记录和计算，并求出高差闭合差，进行闭合差分配。

四、实训步骤和方法

由于模拟训练的学校校园内地势起伏较小，1 km 之内设置测站数最小可以达到 8 个，故按照平原地形去考虑测量闭合差允许值，在测量工作进行前即确定按照测段距离进行改正高差，需要测定每个测站的视距。

（1）以背离已知点 BM_1 方向为前进方向，在预先设置的 SD_1、SD_2、SD_3 水准点间设置若干转点（见图 1.9）。第 1 测站安置水准仪在 BM_1 点与转点 1（TP_1）之间，前后距离大致相等，其视距不得超过 100 m，整平水准仪。

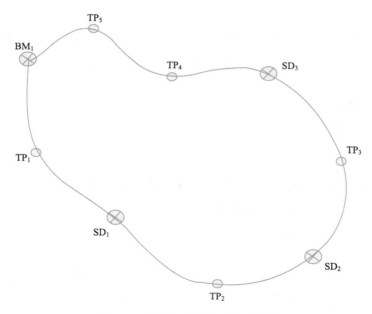

图 1.9　闭合水准路线测量示意图

（2）操作程序是后视 BM_1 水准点上的水准尺，读取后视尺上中下三丝读数，中丝记入测量记录手簿中相应位置，用上下丝读数计算后视单向视距，记录；旋转望远镜至 TP_1 点上的水准尺，读数，中丝记入测量记录手簿中相应位置，用上下丝读数计算前视单向视距，记录；然后立即计算该站的高差，前后视距和。

（3）迁至第 2 测站，继续上述操作程序，经过预先设置的 SD_1、SD_2、SD_3 水准点，直至最后回到 BM_1 点。

（4）根据已知点高程及各测站高差，计算水准路线的高差闭合差，闭合水准路线的高差闭合差为：

$$f_h = \sum h_{测}$$

检查高差闭合差是否超限,其限差公式采用：

$$f_{h容} = \pm 40\sqrt{L}\,\text{mm}(平地)$$

式中：L——水准路线长度,以 km 计。

（5）若 $|f_h| \leqslant |f_{h容}|$,则精度合格,在精度合格的情况下,可以进行水准路线成果计算。若误差超过允许范围,则分析原因后,返工重测。内业计算工作的主要内容是,计算高差闭合差及容许高差闭合差,调整高差闭合差,计算改正后高差,最后计算出各待定点的高程。

五、注意事项

（1）正确使用仪器各部分螺旋,应注意对螺旋不能用力强拧,以防损坏。

（2）读数前必须消除视差,注意水准尺上标记与刻划的对应关系,避免读数发生错误。

（3）如使用尺垫,注意在 BM_1、SD_1、SD_2、SD_3 上不能放置尺垫,但在松软的转点上必须使用尺垫,在仪器迁站时,前视点的尺垫不能移动。

（4）弄清每一个测站的前视点、后视点、前视读数、后视读数、转点的概念,不要混淆。

（5）分清测量路线、测段、测站的概念。

（6）测量记录要认真,计算要精确,一旦有错将会影响后面的所有测量,造成后面全部结果的错误。

（7）各测站的视线高度不一样,也就是视线高程不一样。

六、闭合水准路线测量实训报告

（一）实训任务书

课程名称			项 目 一	高程测量
实训三		闭合水准路线测量	建议学时	4
班 级		学生姓名	工作日期	
实训目标	（1）掌握闭合水准测量的观测程序,掌握闭合水准测量的记录和检核方法； （2）掌握闭合水准测量的计算方法,能够进行水准测量的闭合差调整,掌握推求待定点高程的方法			
实训内容	利用自动安平水准仪完成闭合水准路线测量工作,从起始水准点 BM_1（其位置确定,高程已知）出发,按照指定线路进行测量预先设置的 SD_1、SD_2、SD_3 水准点高程,最后返回到起始水准点 BM_1,完成必要记录和计算,并求出高差闭合差,进行闭合差分配			
安全与文明要求	学生听从指导教师的安排及指挥,不在测量作业面上相互打闹；保护好测量仪器及工具；遵守测量实训须知的安全与文明要求；主动保护模拟施工场地上的各种测量标记,发现标记移动或损毁后要第一时间上报指导教师			
对学生的要求	（1）具备高程测量的基础知识； （2）具备水准仪操作的基础知识；			

续表

提交成果	实训报告
对学生的要求	（3）具备水准路线的基础知识； （4）具备一定的实践动手能力、自学能力、数据计算能力、沟通协调能力、语言表达能力和团队意识； （5）严格遵守课堂纪律，不迟到、不早退；学习态度认真、端正； （6）每位同学必须积极参与小组讨论； （7）完成"闭合水准路线测量"实训报告
考核评价	评价内容：仪器操作正确性和工作效率评价；测量数据的正确性、完整性评价；完成报告的完整性评价、安全文明和合作性评价等； 评价方式：由学生自评（自述、评价，占10%）、小组评价（分组讨论、评价，占20%）、教师评价（根据学生学习态度、工作报告及现场抽查知识或技能进行评价，占70%）构成该同学该实训的成绩

（二）实训准备工作

课 程 名 称			项 目 一	高 程 测 量
实训三		闭合水准路线测量	建议学时	4
班 级		学生姓名	工作日期	
场地准备描述				
仪器设备准备描述				
工具材料准备描述				
知识准备描述				

（三）实训记录

1. 闭合水准路线测量考核记录

闭合水准路线测量考核记录

测站号	测点	水准尺读数/m		高差/m	高程/m	单向距离（视距）	测站视距
		后视读数/m	前视读数/m				
			—	—	50		
∑							
计算校核		$\sum a - \sum b =$			$\sum h =$		

2. 闭合水准路线平差计算表

闭合水准路线平差计算表

点　　号	距离/km	实测高差/m	改正值/mm	改正后高差/m	高程/m	备　注
BM$_1$					50	已知
SD$_1$						待定点
SD$_2$						待定点
SD$_3$						待定点
BM$_1$						
$\sum$						
辅助计算	$f_h =$ $-f_h/L =$ $f_允 = \pm 40\sqrt{L} =$					

（四）考核评价表

考核项目	考核内容及要求	分值	学生自评（10%）	小组评分（20%）	教师评分（70%）	实　得　分
准备工作（20分）	准备工作完整性	10				
	实训步骤内容描述	8				
	知识掌握完整程度	2				
工作过程（45分）	测量数据正确性、完整性	10				
	测量精度评价	5				
	报告完整性	30				
基本操作（10分）	操作程序正确	5				
	操作符合限差要求	5				
安全文明（10分）	叙述工作过程应注意的安全事项	5				
	工具正确使用和保养、放置规范	5				
完成时间（5分）	能够在要求的 90 min 内完成，每超时 5 min 扣 1 分	5				
合作性（10分）	独立完成任务得满分	10				
	在组内成员帮助下得 6 分					
总分（$\sum$）		100				

项目二 角度测量

实训四 测回法测量水平角

一、实训目标

（1）了解 DJ$_2$ 光学经纬仪各主要部件的名称和作用。

（2）练习经纬仪对中、整平、瞄准和读数的方法，掌握基本操作要领。

（3）能够熟练掌握测回法测量水平角的方法，能够正确进行记录、计算。

（4）要求对中误差小于 1 mm，整平误差小于一格，上、下半测回角值互差不超过 ±20″；各测回差不超过 ±12″。

二、实训准备与要求

（一）实训准备

1. 场地条件

准备光线充足的室内或室外场地，无雨天的室外是最好的，场地长宽至少 30 m。可以选择宽阔的广场进行操作练习。

2. 设备条件

使用 DJ$_2$ 光学经纬仪，测角精度为 2″，要求状态良好，无部件损坏情况；与仪器配套的支架要求架头牢固，架腿伸缩自如，螺钉应固紧，架身无晃动，架腿支好后无滑动现象。

3. 工具及材料条件

准备立点定向的标杆（红白 20 cm 相间标示）两根，画点用记号笔或白板笔。

（二）教师准备

提前布置实训任务，让学生预习有关知识；按照预先的每 5 人分组，准备好实训材料和工具，制定好实训程序和步骤，指导学生进行实训活动。

（三）学生准备

做好知识的预习与储备，了解 DJ$_2$ 光学经纬仪各主要部件的名称和作用；熟悉经纬仪对中、整平、瞄准和读数的方法，掌握基本操作要领；预习测回法测量水平角的方法，严格遵照实训指导书的操作要求和注意事项，按照组内分工积极参与实训活动。

（四）安全与文明要求

学生听从指导教师的安排及指挥,不在测量作业面上相互打闹;保护好测量仪器及工具;遵守测量实训须知的安全与文明要求;主动保护模拟施工场地上的各种测量标记,发现标记移动或损毁后要第一时间上报指导教师。

（五）参考资料

《工程测量规范》《测量员岗位工作技术标准》《公路工程施工技术规范》《土建工程测量》等。

三、实训内容

（一）认识 DJ$_2$ 光学经纬仪及基本操作

（1）了解 DJ$_2$ 光学经纬仪各主要部件的名称和作用,认识经纬仪部件的位置,并写出它们各自的功能。

（2）练习经纬仪对中、整平、瞄准和读数的方法,掌握基本操作要领。

（二）测回法测量水平角

能够熟练掌握测回法测量水平角的方法,完成一个角度两个测回的测量工作,能够正确进行记录、计算。要求对中误差小于 1 mm,整平误差小于一格,上、下半测回角值互差不超过 $\pm 20''$;各测回差不超过 $\pm 12''$。

四、实训步骤和方法

（一）认识 DJ$_2$ 光学经纬仪及基本操作

1. 认识 DJ$_2$ 光学经纬仪（见图 2.1）

DJ$_2$ 光学经纬仪各部件的功能作用及操作:

（1）观察三脚架:注意脚架伸缩螺旋及架头连接螺旋的作用,然后安好脚架,用架头连接螺旋把仪器固定在脚架上。

（2）调整脚架,使水平度盘大致水平后,旋动脚螺旋,注意水平度盘水准管气泡的移动情况。

（3）了解望远镜制动及微动螺旋的位置和作用,并将望远镜置于水平位置,旋动竖直度指标水准管微动螺旋,注意竖直度盘指标水准管及竖盘读数的变化情况。

（4）注意物镜、目镜及对光螺旋的位置和作用,并将镜内十字丝及物像调整清楚。

（5）观察光学经纬仪时,注意复测手把或按钮的作用,在显微镜内读数时,应先调节反光镜,使内部明亮,读数清晰。

2. DJ$_2$ 光学经纬仪的基本操作

当进行角度测量时,要将经纬仪正确安置在测站点上,对中整平,然后才能观测。经纬仪的使用包括对中、整平、瞄准和读数4项基本操作。对中的目的是使仪器中心与测站点的标志中心在同一铅垂线上。整平的目的是使仪器的竖轴垂直,即水平度盘处于水平位置。

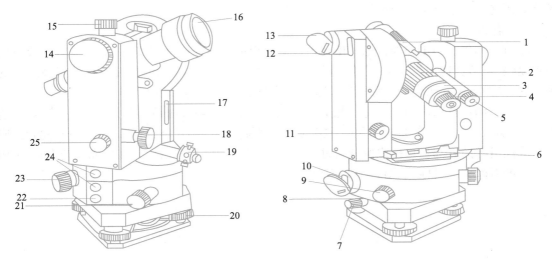

图 2.1　DJ₂ 光学经纬仪

1—光学粗瞄器;2—望远镜调焦筒;3—分划板保护盖;4—望远目镜;5—读数目镜;6—照准部水准器;7—仪器锁定钮;8—圆水准器堵盖;9—水平制动螺旋;10—水平进光反光镜;11—补偿器锁紧螺旋;12—指标差盖板;13—垂直进光反光镜;14—测微器螺旋;15—垂直制动螺旋;16—望远镜物镜;17—长条盖板;18—垂直微动螺旋;19—光学对点器;20—安平螺旋;21—水平微动螺旋;22—堵盖;23—换盘螺旋;24—堵盖;25—换像螺旋

对中整平前,先将经纬仪安装在三脚架顶面上,旋紧连接螺旋。

(1)对中:调整光学对中器对光螺旋,看清测站点,固定三脚架的一条腿,用两手拿住另外两条腿做张开、回收的动作,使三脚架的顶面大致水平,同时用眼睛观看对中器并使对中器的十字丝对准测站点,当地面松软时,可用脚将三脚架的三支脚踩实。若破坏了上述操作的结果,可调节三脚架腿的伸缩连接部位,使圆水准气泡居中。

(2)整平并精确对中:转动照准部,先使照准部水准管与两个脚螺旋连线平行,相向转动这两个脚螺旋,使水准管气泡居中。然后,将照准部转90°,使水准管与原先位置垂直,转动第三个脚螺旋使水准管气泡居中。此工作应反复进行,直到照准部旋转到任意位置水准管气泡都居中为止,如图2.2所示。

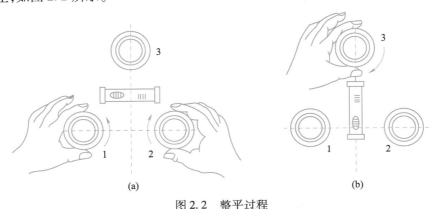

(a)　　　　　　　　　　　　　(b)

图 2.2　整平过程

初步整平之后,稍微放松连接螺旋,用手轻移仪器,使对中器对准测站点,若对中器分划板和测站点成像不清晰,可分别进行对中器目镜和物镜调焦,待精确对中达到要求后再旋紧连接螺旋。用光学对中器进行经纬仪对中的精度为 1~2 mm。

（3）瞄准:

①目镜调焦及初步瞄准目标。松开望远镜螺旋和照准部制动螺旋,将望远镜对向天空或白色墙壁,调节目镜调焦螺旋,使十字丝清晰。利用望远镜上的粗瞄器,使目标位于望远镜的视场内,如图2.3(a)所示,然后固定望远镜制动螺旋和照准部制动螺旋。

②物镜调焦及精确瞄准目标。粗略瞄准目标后,通过调节物镜调焦螺旋,使目标影像清晰,注意消除视差。调节照准部和望远镜的微动螺旋直到准确对准目标。在水平角观测时,应尽量瞄准目标的底部。目标成像较大时,可用十字丝的单线平分目标。目标成像较小时,可用十字丝的双丝夹准目标,如图2.3(b)所示。

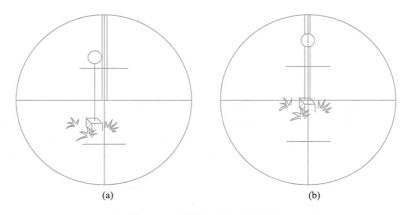

图2.3　观测水平角瞄准方法

（4）读数:照准目标后,打开反光镜,使读数窗内进光均匀。然后,进行读数显微镜调焦,使读数窗内分划清晰,并注意消除视差,然后按仪器说明书所示的方法读数。

（二）测回法测量水平角

测回法适用于观测只有两个方向的单个水平角。如图2.4所示,M、O、N分别为地面上的三点,欲测定OM与ON所构成的水平角,其操作步骤如下:

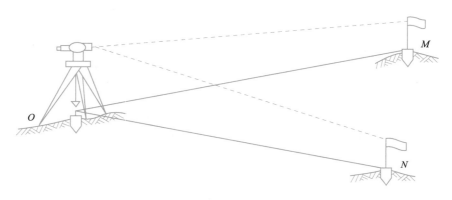

图2.4　测回法测量水平角示意

将经纬仪安置在测站点 O,对中、整平。使经纬仪置于盘左位置(竖盘在望远镜的左边,又称为正镜),瞄准目标 M,读取读数 $m_左$,顺时针旋转照准部,瞄准目标 N,并读取读数 $n_左$,以上称为上半测回。上半测回的角值 $\beta_左 = n_左 - m_左$。

倒转望远镜成盘右位置(竖盘在望远镜观测方向的右边,又称为倒镜),瞄准目标 N,读得 $n_右$,按顺时针方向旋转照准部,瞄准目标 M,读得 $m_右$,以上称为下半测回。下半测回角值 $\beta_右 = n_右 - m_右$。

上、下半测回构成一个测回。对 DJ$_2$ 光学经纬仪,若上、下半测回角度之差 $-20'' \leq \beta_左 - \beta_右$ 或 $\beta_左 - \beta_右 \leq +20''$,则取 $\beta_左$,$\beta_右$ 的平均值作为该测回角值 $\beta = \dfrac{1}{2}(\beta_左 + \beta_右)$。若 $\beta_左 - \beta_右 < -20''$ 或 $\beta_左 - \beta_右 > +20''$,则应重测。

在测回法测角中,仅测一个测回可以不配置度盘起始位置。

为了提高测角精度,可适当增加测回数,但测回数增加到一定次数后,精度的提高逐步缓慢而趋于收敛,在实际工作中应根据规范的规定进行。当测角精度要求较高,需要观测多个测回时,为了减小度盘分划误差的影响,第一测回应将起始目标的读数用度盘变换手轮调至 $0°00'$ 稍大一些。其他各测回间应按 $180°/n$ 的差值变换度盘起始位置,n 为测回数。例如,当测回数 $n=2$ 时,度盘配置差值为 $180°/2 = 90°$,则第一测回与第二测回起始方向的读数应分别等于或略大于 $0°$ 与 $90°$。用 DJ$_2$ 光学经纬仪观测时,各测回角值之差不得超过 $20''$,取各测回平均值为最后成果。

测回法测角的记录和计算举例如表 2.1 所示。

表 2.1　测回法观测手簿

测站	竖盘位置	目标	水平度盘读数/(°′″)	半测回角值/(°′″)	一测回角值/(°′″)	各测回平均角值/(°′″)	备注
第一测回	左	M	0　12　18	73　35　48	73　35　42	73 35 36	
		N	73　48　06				
	右	M	180　13　00	73　35　36			
		N	253　48　36				
第二测回	左	M	90　08　18	73　35　36	73　35　30		
		N	163　43　54				
	右	M	270　08　36	73　35　24			
		N	343　44　00				

五、注意事项

(1)安置仪器时,脚架要稳固,脚架的固定螺旋应拧紧(注意松紧的方向,勿乱拧),中心螺旋也要适当拧紧。

(2)观测时,立在点位上的花杆应尽量竖直,尽可能用十字丝交点瞄准花杆根部,最好能瞄准桩心的点位。

(3)在观测左方目标后,进而观测右方目标时,切不可转动度盘。

（4）在计算角度值时,若右目标读数目标读数小,则应在右目标读数上加 360° 后,再减左目标读数。

六、 测回法测量水平角实训报告

（一）实训任务书

课程名称		项 目 二	角 度 测 量
实训四	测回法测量水平角	建议学时	3
班 级	学生姓名	工作日期	
实训目标	（1）了解 DJ₂ 光学经纬仪各主要部件的名称和作用; （2）练习经纬仪对中、整平、瞄准和读数的方法,掌握基本操作要领; （3）能够熟练掌握测回法测量水平角的方法,能够正确进行记录、计算; （4）要求对中误差小于 1 mm,整平误差小于一格,上、下半测回角值互差不超过 ±20″;各测回差不超过 ±12″		
实训内容	（一）认识 DJ₂ 光学经纬仪及基本操作 （1）了解 DJ₂ 光学经纬仪各主要部件的名称和作用,认识经纬仪部件的位置,并写出它们各自的功能; （2）练习经纬仪对中、整平、瞄准和读数的方法,掌握基本操作要领 （二）测回法测量水平角 　　能够熟练掌握测回法测量水平角的方法,完成一个角度两个测回的测量工作,能够正确进行记录、计算。要求对中误差小于 1 mm,整平误差小于一格,上、下半测回角值互差不超过 ±20″;各测回差不超过 ±12″		
安全与文明要求	学生听从指导教师的安排及指挥,不在测量作业面上相互打闹;保护好测量仪器及工具;遵守测量实训须知的安全与文明要求;主动保护模拟施工场地上的各种测量标记,发现标记移动或损毁后要第一时间上报指导教师		
提交成果	实训报告		
对学生的要求	（1）具备土木工程识图与绘图的基础知识; （2）具备土木工程构造的知识; （3）具备几何基础知识; （4）具备一定的实践动手能力、自学能力、数据计算能力、沟通协调能力、语言表达能力和团队意识; （5）严格遵守课堂纪律,不迟到、不早退;学习态度认真、端正; （6）每位同学必须积极参与小组讨论; （7）完成"测回法测量水平角"实训报告		
考核评价	评价内容:仪器操作正确性和工作效率评价;测量数据的正确性、完整性评价;完成报告的完整性评价;安全文明和合作性评价等; 　　评价方式:由学生自评(自述、评价,占 10%)、小组评价(分组讨论、评价,占 20%)、教师评价(根据学生学习态度、工作报告及现场抽查知识或技能进行评价,占 70%)构成该同学该实训成绩		

（二）实训准备工作

课 程 名 称			项 目 二	角 度 测 量
实训四	测回法测量水平角		建议学时	3
班 级	学生姓名		工作日期	
场地准备描述				
仪器设备准备描述				
工具材料准备描述				
知识准备描述				

（三）实训记录

1. 认识 DJ$_2$ 光学经纬仪及基本操作

DJ$_2$ 光学经纬仪部件功能实训报告

序 号	部 件 名 称	作 用
1	水平制动螺旋	
2	水平微动螺旋	
3	望远镜制动螺旋	
4	望远镜微动螺旋	
5	光学对点器	
6	竖盘自动归零旋钮	
7	圆水准器	
8	管水准器	

2. 测回法测量水平角

测回法观测手簿

测 站	竖盘位置	目标	水平度盘读数/（°′″）	半测回角值/（°′″）	一测回角值/（°′″）	各测回平均角值/（°′″）	备 注
第一测回	左	M					
		N					
	右	M					
		N					
第二测回	左	M					
		N					
	右	M					
		N					

（四）考核评价表

考核项目	考核内容及要求	分值	学生自评 （10%）	小组评分 （20%）	教师评分 （70%）	实 得 分
准备工作 （20分）	准备工作完整性	10				
	实训步骤内容描述	8				
	知识掌握完整程度	2				
工作过程 （45分）	测量数据正确性、完整性	10				
	测量精度评价	5				
	报告完整性	30				
基本操作 （10分）	操作程序正确	5				
	操作符合限差要求	5				
安全文明 （10分）	叙述工作过程应注意的安全事项	5				
	工具正确使用和保养、放置规范	5				
完成时间 （5分）	能够在要求的 90 min 内完成，每超时 5 min 扣 1 分	5				
合作性 （10分）	独立完成任务得满分	10				
	在组内成员帮助下得 6 分					
总分（∑）		100				

实训五　测量三角形内角和

一、实训目标

（1）能够熟练进行经纬仪的基本操作。
（2）能够熟练掌握测回法测量水平角的方法。
（3）能够正确进行记录、计算，计算限差并正确进行角度平差。

二、实训准备与要求

（一）实训准备

1. 场地条件

准备光线充足的室内或室外场地，无雨天的室外是最好的，场地长宽至少 10 m。可以选择宽阔的广场或路边人行道上进行操作练习。

2. 设备条件

使用 DJ$_2$ 光学经纬仪，测角精度为 2″，要求状态良好，无部件损坏情况；与仪器配套的支架要求架头牢固，架腿伸缩自如，螺钉应固紧，架身无晃动，架腿支好后无滑动现象。

3. 工具及材料条件

准备立点定向的标杆(红白20 cm相间标示)两根,画点用记号笔或白板笔。

(二)教师准备

提前布置实训任务,让学生预习有关知识;按照预先的每5人分组,准备好实训材料和工具,制定好实训程序和步骤,指导学生进行实训活动。

(三)学生准备

做好知识的预习与储备,掌握测回法测量水平角的方法;提前分析测量三角形内角的工作程序,严格遵照实训指导书的操作要求和注意事项,按照组内分工积极参与实训活动。

(四)安全与文明要求

学生听从指导教师的安排及指挥,不在测量作业面上相互打闹;保护好测量仪器及工具;遵守测量实训须知的安全与文明要求;主动保护模拟施工场地上的各种测量标记,发现标记移动或损毁后要第一时间上报指导教师。

(五)参考资料

《工程测量规范》《测量员岗位工作技术标准》《公路工程施工技术规范》《土建工程测量》等。

三、实训内容

设A、B、C是地面上相互通视的三点(见图2.5),用测回法测出三角形三个内角A、B、C的角值。要求每位同学独立观测一测回,前后两个半测回的角度之差不超过45″,组内另外的同学观测时,改变水平度盘起始方向的位置,另观测一个测回记录在自己的记录表格中;每名同学均填写记录表格及并进行计算,写出平差过程及平差结果。

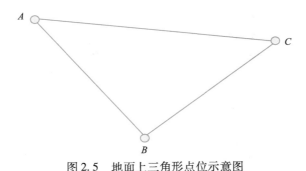

图2.5 地面上三角形点位示意图

四、实训步骤和方法

如图2.5所示,具体的实训步骤如下:

(1)A点建站(首先安置经纬仪于A点,记录于表2.2第1栏)。

对中、整平操作后，以盘左位置（记录于表 2.2 第 2 栏）先瞄准左方目标 C（记录于表 2.2 第 3 栏），读数后，及时记入表中（记录于表 2.2 第 4 栏 C 对应读数位置），再瞄准右方目标 B（记录于表 2.2 第 3 栏），读数后记录入表（记录于表 2.2 第 4 栏 B 对应读数位置），并计算出上半测回的角度值（记录于表 2.2 第 5 栏）。倒镜，以盘右的位置（记录于表 2.2 第 2 栏）再测下半测回，先瞄准右方目标 B（记录于表 2.2 第 3 栏），再瞄准左方目标 C（记录于表 2.2 第 3 栏），读数后记录入表（记录于表 2.2 第 4 栏 B、C 对应读数位置），计算出下半测回的角度值（记录于表 2.2 第 5 栏）。若两个半个测回之差不超过 45″，则取平均值，作为这一测回的结果（记录于表 2.2 第 6 栏）。若超过 45″，则应返工重测。直到符合精度要求，求出这一测回的结果为止。得到 $\angle CAB$ 的角值。

（2）B 点建站（安置仪器于 B 点），同上操作，测得 $\angle ABC$ 的角值。

（3）C 点建站（安置仪器于 C 点），同上，测得 $\angle ACB$ 的角值。

（4）检查实际测得 $\triangle ABC$ 的 3 个角之和与 180° 相差多少，即角度闭合差 $f_{\beta} = \sum \beta - 180°$（记录于表 2.2 第 7 栏），其与 $f_{\beta允} = \pm 40\sqrt{n}″$ 比较。（n 为测站数）

（5）若 $f_{\beta} > f_{\beta允}$，说明角度测量超限，需要重测；若 $f_{\beta} \leqslant f_{\beta允}$，则说明角度测量符合要求，但是存在误差，需要改正，改正的原则是将 f_{β} 反符号平均分配回每个角去，即改正角度值 $v_{\beta改} = -\dfrac{f_{\beta}}{n}$（记录于表 2.2 第 8 栏），则正确的内角值 $\beta_{正} = \beta_{测} + v_{\beta改}$（记录于表 2.2 第 9 栏）。

表 2.2 三角形内角观测记录表

仪器号：BW00325　　天气：晴朗 28 ℃　　记录：刘××

测站	竖盘位置	目标点	水平度盘读数/（° ′ ″）	半测回角值/（° ′ ″）	一测回角值/（° ′ ″）	内角和角值及角度闭合差	角度改正值/（″）	改正后的内角值/（° ′ ″）
1	2	3	4	5	6	7	8	9
A	左	C	0　08　18	41　26　42	41　26　44		$v_{\beta改} =$ $-\dfrac{f_{\beta}}{n} = -4$	41　26　40
		B	41　35　00					
	右	C	180　08　46	41　26　46				
		B	221　35　32					
B	左	A	0　12　18	93　35　18	93　35　27	$\sum \beta = 180°00′12″$ $f_{\beta} = \sum \beta - 180° = 12″$	−4	93　35　23
		C	93　48　06					
	右	A	180　13　00	93　35　36				
		C	273　48　36					
C	左	B	0　04　12	44　58　02	44　58　01		−4	44　57　57
		A	45　02　14					
	右	B	180　04　22	44　58　00				
		A	225　02　22					

五、注意事项

（1）安置仪器时，脚架要稳固，脚架的固定螺旋应拧紧（注意松紧的方向，勿乱拧），中心螺旋也要适当拧紧。

（2）观测时,立在点位上的花杆应尽量竖直,尽可能用十字丝交点瞄准花杆根部,最好能瞄准桩心的点位。

（3）在观测左方目标后,进而观测右方目标时,切不可转动度盘。

（4）在计算角度值时,若右目标读数小,则应在右目标读数上加 360° 后,再减左目标读数。

六、测量三角形内角和实训报告

（一）实训任务书

课程名称		项目二	角度测量
实训五	测量三角形内角和	建议学时	3
班　级	学生姓名	工作日期	
实训目标	（1）能够熟练进行经纬仪的基本操作; （2）能够熟练掌握测回法测量水平角的方法; （3）能够正确进行记录、计算,计算限差并正确进行角度平差		
实训内容	设 A、B、C 是地面上相互通视的三点,用测回法测出三角形三个内角 A、B、C 的角值。要求每位同学独立观测一测回,前后两个半测回的角度之差不超过 45″,组内另外的同学观测时,改变水平度盘起始方向的位置,另观测一个测回记录在自己的记录表格中;每名同学均填写记录表格并进行计算,写出平差过程及平差结果		
安全与文明要求	学生听从指导教师的安排及指挥,不在测量作业面上相互打闹;保护好测量仪器及工具;遵守测量实训须知的安全与文明要求;主动保护模拟施工场地上的各种测量标记,发现标记移动或损毁后要第一时间上报指导教师		
提交成果	实训报告		
对学生的要求	（1）具备土木工程识图与绘图的基础知识; （2）具备土木工程构造的知识; （3）具备几何方面和经纬仪操作的基础知识; （4）具备一定的实践动手能力、自学能力、数据计算能力、沟通协调能力、语言表达能力和团队意识; （5）严格遵守课堂纪律,不迟到、不早退;学习态度认真、端正; （6）每位同学必须积极参与小组讨论; （7）完成"测量三角形内角和"实训报告		
考核评价	评价内容:仪器操作正确性和工作效率评价;测量数据的正确性、完整性评价;完成报告的完整性评价;安全文明和合作性评价等; 评价方式:由学生自评(自述、评价,占10%)、小组评价(分组讨论、评价,占20%)、教师评价(根据学生学习态度、工作报告及现场抽查知识或技能进行评价,占70%)构成该同学该实训成绩		

(二)实训准备工作

课　程　名　称			项　目　二	角　度　测　量
实训五		测量三角形内角和	建议学时	3
班　　级		学生姓名	工作日期	
场地准备描述				
仪器设备准备描述				
工具材料准备描述				
知识准备描述				

(三)实训记录

三角形内角观测记录表

仪器号:＿＿＿＿＿＿　　天气:＿＿＿＿＿＿　　记录:＿＿＿＿＿＿

测站	竖盘位置	目标点	水平度盘读数/(°′″)	半测回角值/(°′″)	一测回角值/(°′″)	内角和角值及角度闭合差	角度改正值/(″)	改正后的内角值/(°′″)

（四）考核评价表

考核项目	考核内容及要求	分值	学生自评 （10%）	小组评分 （20%）	教师评分 （70%）	实 得 分
准备工作 （20分）	准备工作完整性	10				
	实训步骤内容描述	8				
	知识掌握完整程度	2				
工作过程 （45分）	测量数据正确性、完整性	10				
	测量精度评价	5				
	报告完整性	30				
基本操作 （10分）	操作程序正确	5				
	操作符合限差要求	5				
安全文明 （10分）	叙述工作过程应注意的安全事项	5				
	工具正确使用和保养、放置规范	5				
完成时间 （5分）	能够在要求的 90 min 内完成，每超时 5 min 扣 1 分	5				
合作性 （10分）	独立完成任务得满分	10				
	在组内成员帮助下得 6 分					
	总分（∑）	100				

项目三　距离测量

实训六　使用钢尺量距及罗盘仪定向

一、实训目标

(1)能够熟练用钢尺量距的基本方法。

(2)学会用罗盘仪测定地面上的直线的磁方位角。

(3)钢尺量距的相对误差,不超过1/2 000。

(4)用罗盘仪测定一直线的正、反磁方位角,其差值应在180°±0.5°以内。

二、实训准备与要求

(一)实训准备

1. 场地条件

准备光线充足的室内或室外场地,无雨天的室外是最好的。室内场地长至少20 m,宽度至少5 m,室外可以选择宽阔的广场或路边人行道上进行操作练习。

2. 设备条件

30 m钢尺或皮尺一把(或50 m钢尺),水准仪一套,罗盘仪一部;与仪器配套的支架要求架头牢固,架腿伸缩自如,螺钉应固紧,架身无晃动,架腿支好后无滑动现象。

3. 工具及材料条件

准备立点定向的标杆(红白20 cm相间标示)两根,水准尺一根,测钎一付,画点用记号笔或白板笔。

(二)教师准备

提前布置实训任务,让学生预习有关钢尺量距及直线定向知识;按照预先的每10人分组,准备好实训材料和工具,制定好实训程序和步骤,指导学生进行实训活动。

(三)学生准备

做好知识的预习与储备,掌握钢尺量距及直线定向方法;提前分析本实训的工作程序,严格遵照实训指导书的操作要求和注意事项,按照组内分工积极参与实训活动。

（四）安全与文明要求

学生听从指导教师的安排及指挥，不在测量作业面上相互打闹；保护好测量仪器及工具；遵守测量实训须知的安全与文明要求；主动保护模拟施工场地上的各种测量标记，发现标记移动或损毁后要第一时间上报指导教师。

（五）参考资料

《工程测量规范》《测量员岗位工作技术标准》《公路工程施工技术规范》《土建工程测量》等。

三、实训内容

在指定实训场地内地面上寻找确定的两个点 A、B，要求两点之间的距离不小于 60 m。以小组为单位，轮流抽两位同学测定直线 AB 的磁方位角，同时利用罗盘仪进行直线定向，中间不少于 1 个转点，然后利用钢尺进行分段量距，并使用水准仪测量相邻点的高差，将数据填记在表格中并完成相应的计算工作。

四、实训步骤和方法

（一）用罗盘仪定线及测定磁方位角

1. 对中

对中的目的是使用仪器中心与直线端点的准确位置位于同一铅垂线上。其方法要点是：固定三脚架的一腿，移动其他两腿，使垂球尖对准点位 A。

2. 整平

整平的目的是利用罗盘仪上的水准器，使刻度盘处于水平位置。方法是放松球窝装置，调整仪器，使水准器气泡居中后，即旋紧球窝螺旋。

3. 直线定线

如果地面上两点之间的距离超过一个整尺长度时，就要把距离分成若干尺段进行丈量，这时要求各尺段的端点必须在同一直线上。标定各尺段端点在同一直线上的工作称为直线定线。直线定线的方法有目估定线和经纬仪定线两种。

由于罗盘仪具有经纬仪的某些相似功能，能够整平水平读盘，并且望远镜可以在竖直方向上自由旋转，在此处利用罗盘仪代替经纬仪进行定线操作（见图 3.1），缺点是罗盘仪没有经纬仪那样的定线精准度，但是要比利用花杆目估定线精准些。

在完成 1、2 操作后，即在 A 点安置经纬仪，对中整平后照准 B 点，制动照准部，使望远镜向下俯视，用手指挥另一人移动标杆到与经纬仪十字丝纵丝重合时，在标杆的位置插入测钎准确定出 1 点的位置。依此类推，定出 2 点、3 点。

4. 观测磁方位角

（1）AB 正方位角观测。松开举针螺旋，使磁针徐徐落在顶针上。用望远镜瞄准目标 B，待磁针静止后,读取磁针北端指在刻度盘上的读数,即得 α_{AB}。

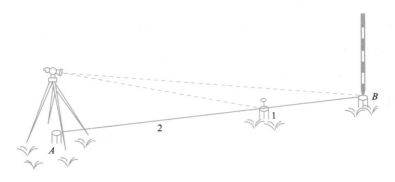

图 3.1 经纬仪定线

(2)AB 反方位角(BA 方位角)观测。置仪器于直线的另一端 B 点,测定该直线的反方位角 α_{BA}。当两者之差在 $180° \pm 0.5°$ 的容许范围内时,可取平均值作为最后结果,即 $\alpha_{\text{平}} = 0.5 [\alpha_{AB} + (\alpha_{BA} \pm 180°)]$。如果超出误差的容许范围,则应返工重测。

(二)量测水平距离并校核

如图 3.2 所示。先用钢尺分段量出 AB 方向两点间的倾斜距离 L,再利用水准仪测出 AB 两点间分段量测的高差或总高差 h,则 AB 两点间的水平距离 $D_{\text{往}}$ 可以求出:

$$D_{\text{往}} = \sqrt{L^2 - \Delta h^2}$$

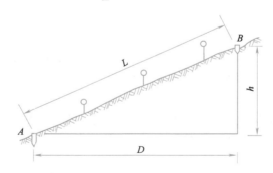

图 3.2 倾斜地面水平距离的量测方法

再用钢尺分段量出 BA 方向两点间的倾斜距离 L',如果选择的中间定线点不变,则高差不需要量测;如果重新定线,则需要重新测量高差,计算 BA 两点间的水平距离 $D_{\text{返}}$。

为了校核和提高精度,还要进行返测,用往、返测长度之差 ΔD 与全长平均数 $D_{\text{平均}}$ 之比,并化成分子为 1 的分数来衡量距离丈量的精度。这个比值称为相对误差 K:

$$K = \frac{|D_{\text{往}} - D_{\text{返}}|}{D_{\text{平均}}} = \frac{1}{\dfrac{D_{\text{平均}}}{|D_{\text{往}} - D_{\text{返}}|}}$$

任务给定的相对误差不应大于 1/2 000。如果满足这个要求,则取往测和返测的平均值作为该两点间的水平距离。

$$D = D_{平均} = \frac{1}{2}(D_{往} + D_{返})$$

五、注意事项

（1）应遵守操作规程，任务完成后，检查仪器、工具是否齐全，然后如数归还测量仪器保管室，请管理老师验收。

（2）钢尺质脆易折，应注意爱护。用完后，应擦净上油，以防生锈。

（3）量距时钢尺偏离定线方向，将使测线成为折线距离，导致量距结果偏大。

（4）钢尺端点对不准、测钎插不准及读数误差都属于丈量误差，这种误差对量距结果的影响有正有负，大小不定。在丈量时应尽量认真操作，以减小丈量误差。

六、使用钢尺量距及罗盘仪定向实训报告

（一）实训任务书

课程名称		项目三	距离测量
实训六	使用钢尺量距及罗盘仪定向	建议学时	2
班级	学生姓名	工作日期	
实训目标	（1）能够熟练用钢尺量距的基本方法； （2）学会用罗盘仪测定地面上的直线的磁方位角； （3）钢尺量距的相对误差，不超过 1/2 000； （4）用罗盘仪测定一直线的正、反磁方位角，其差值应在 180°±0.5°以内		
实训内容	在指定实训场地内地面上寻找确定的两个点 A、B，要求两点之间的距离不小于 60 m。以小组为单位，轮流抽两位同学测定直线 AB 的磁方位角，同时利用罗盘仪进行直线定向，中间不少于 1 个转点，然后利用钢尺进行分段量距，并使用水准仪测量相邻点的高差，将数据填记在表格中并完成相应的计算工作		
安全与文明要求	学生听从指导教师的安排及指挥，不在测量作业面上相互打闹；保护好测量仪器及工具；遵守测量实训须知的安全与文明要求；主动保护模拟施工场地上的各种测量标记，发现标记移动或损毁后要第一时间上报指导教师		
提交成果	实训报告		
对学生的要求	（1）具备距离测量的基础知识； （2）具备磁方位角的基础知识； （3）具备几何方面的基础知识； （4）具备一定的实践动手能力、自学能力、数据计算能力、一定的沟通协调能力、语言表达能力和团队意识； （5）严格遵守课堂纪律，不迟到、不早退；学习态度认真、端正； （6）每位同学必须积极参与小组讨论； （7）完成"使用钢尺量距及罗盘仪定向"实训报告		

考核评价	评价内容:仪器操作正确性和工作效率评价;测量数据的正确性、完整性评价;完成报告的完整性评价;安全文明和合作性评价等; 评价方式:由学生自评(自述、评价,占10%)、小组评价(分组讨论、评价,占20%)、教师评价(根据学生学习态度、工作报告及现场抽查知识或技能进行评价,占70%)构成该同学该实训成绩

(二)实训准备工作

课 程 名 称		项 目 三	距 离 测 量
实训六	使用钢尺量距及罗盘仪定向	建议学时	2
班 级	学生姓名	工作日期	
场地准备描述			
仪器设备准备描述			
工具材料准备描述			
知识准备描述			

(三)实训记录

量测水平距离及直线方位角测量记录表格

次数	方向	磁方位角		第一段水平距离			第二段水平距离			水平距离/m	平均距离[((AB + BA)/2)]/m	误差(｜AB - BA｜)/m	相对误差
		观测值/(°′″)	平均值/(°′″)	斜长/m	高差/m	水平距离/m	斜长/m	高差/m	水平距离/m				
—	—	1	2	3	4	5	6	7	8	9	10	11	12
1	AB												
2	BA												

（四）考核评价表

考核项目	考核内容及要求	分值	学生自评（10%）	小组评分（20%）	教师评分（70%）	实　得　分
准备工作（20分）	准备工作完整性	10				
	实训步骤内容描述	8				
	知识掌握完整程度	2				
工作过程（45分）	测量数据正确性、完整性	10				
	测量精度评价	5				
	报告完整性	30				
基本操作（10分）	操作程序正确	5				
	操作符合限差要求	5				
安全文明（10分）	叙述工作过程应注意的安全事项	5				
	工具正确使用和保养、放置规范	5				
完成时间（5分）	能够在要求的 90 min 内完成，每超时 5 min 扣 1 分	5				
合作性（10分）	独立完成任务得满分	10				
	在组内成员帮助下得6分					
总分（ $\sum$ ）		100				

实训七　视距测量

一、实训目标

学会用经纬仪视距法测定两点间的水平距离和高差。

二、实训准备与要求

（一）实训准备

1. 场地条件

准备光线充足的室内或室外场地，无雨天的室外是最好的。室内场地长至少 20 m，宽度至少 5 m，室外可以选择宽阔的广场或路边人行道上进行操作练习。

2. 设备条件

30 m 钢尺或皮尺一把（或 50 m 钢尺），经纬仪一套；与仪器配套的支架要求架头牢固，架腿伸缩自如，螺钉应固紧，架身无晃动，架腿支好后无滑动现象。

3. 工具及材料条件

准备塔尺(水准尺)一根,计算器一个、2 m 小钢卷尺一把。

(二)教师准备

提前布置实训任务,让学生预习有关视距测量知识;按照预先的每 10 人分组,准备好实训材料和工具,制定好实训程序和步骤,指导学生进行实训活动。

(三)学生准备

做好知识的预习与储备,掌握有关视距测量知识;提前分析本实训的工作程序,严格遵照实训指导书的操作要求和注意事项,按照组内分工积极参与实训活动。

(四)安全与文明要求

学生听从指导教师的安排及指挥,不在测量作业面上相互打闹;保护好测量仪器及工具;遵守测量实训须知的安全与文明要求;主动保护模拟施工场地上的各种测量标记,发现标记移动或损毁后要第一时间上报指导教师。

(五)参考资料

《工程测量规范》《测量员岗位工作技术标准》《公路工程施工技术规范》《土建工程测量》等。

三、实训内容

在指定实训场地内平坦地面上寻找确定的两个点 A、B,要求两点之间的距离不大于 30 m。以小组为单位,轮流抽两位同学用经纬仪测定直线 AB 的距离,同时利用钢尺进行量距,并量取经纬仪的仪器高,读取水准尺的中丝读数,将数据填记在表格中并完成相应高差计算工作。

四、实训步骤和方法

在地面起伏较大的地区使用经纬仪可以快速得到两点间的距离,如图 3.3 所示。

1. 观测

在 A 点安置仪器,对中整平后,用小卷尺量取仪器高 i,在 B 点立水准尺,调整仪器用望远镜看清水准尺,读取中丝在标尺上读数为 v,上丝在标尺上读数为 a,下丝在标尺上读数为 b,上、下丝读数之差称为视距间隔或尺间隔 $l(l = a - b)$,同时读取竖盘读数。

2. 数据计算

根据竖直读盘位置选择公式计算竖直角 α:

倾斜距离为:$L = Kl' = Kl\cos\alpha$。

水平距离为:$D = L\cos\alpha = Kl\cos^2\alpha$。

由图 3.3 可知,测站到立尺点的高差为:

$$h = D\tan\alpha + i - v$$

或
$$h = \frac{1}{2}Kl\sin2\alpha + i - v$$

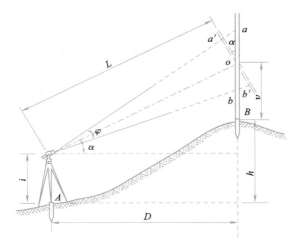

图 3.3　使用经纬仪进行视距测量

五、注意事项

（1）任务时应遵守操作规程,任务完成后,就检查仪器、工具是否齐全,然后如数归还测量仪器保管室,请管理老师验收。

（2）视距测量时尽量使用塔尺作为视距尺,刻画度到毫米,这样可以估读到毫米下一级,其乘以视距乘常数100,误差才到厘米,如果估读到毫米,误差为至少10 cm。

六、　视距测量实训报告

（一）实训任务书

课 程 名 称		项 目 三	距 离 测 量
实训七	视距测量	建议学时	2
班 级	学生姓名	工作日期	
实训目标	学会用经纬仪视距法测定两点间的水平距离和高差		
实训内容	在指定实训场地内平坦地面上寻找确定的两个点 A、B,要求两点之间的距离不大于 30 m。以小组为单位,轮流抽两位同学用经纬仪测定直线 AB 的距离,同时利用钢尺进行量距,并量取经纬仪的仪器高,读取水准尺的中丝读数,将数据填记在表格中并完成相应高差计算工作		
安全与文明要求	学生听从指导教师的安排及指挥,不在测量作业面上相互打闹;保护好测量仪器及工具;遵守测量实训须知的安全与文明要求;主动保护模拟施工场地上的各种测量标记,发现标记移动或损毁后要第一时间上报指导教师		

提交成果	实训报告
对学生的要求	(1)具备经纬仪操作的基础知识； (2)具备几何方面的基础知识； (3)具备水平距离量测的理论知识； (4)具备一定的实践动手能力、自学能力、数据计算能力、一定的沟通协调能力、语言表达能力和团队意识； (5)严格遵守课堂纪律，不迟到、不早退；学习态度认真、端正； (6)每位同学必须积极参与小组讨论； (7)完成"视距测量"实训报告
考核评价	评价内容：仪器操作正确性和工作效率评价；测量数据的正确性、完整性评价；完成报告的完整性评价；安全文明和合作性评价等； 评价方式：由学生自评（自述、评价，占10%）、小组评价（分组讨论、评价，占20%）、教师评价（根据学生学习态度、工作报告及现场抽查知识或技能进行评价，占70%）构成该同学该实训的成绩

（二）实训准备工作

课　程　名　称			项　目　三	距 离 测 量
实训七	视距测量		建议学时	2
班　　　级	学生姓名		工作日期	
场地准备描述				
仪器设备准备描述				
工具材料准备描述				
知识准备描述				

（三）实训记录

视距测量记录表格

测段	仪器高（i）	竖盘位置	尺上读数			尺间隔（L）/m	竖盘读数	竖直角（α）	计算结果	
			中丝（v）	上丝（a）	下丝（b）				水平距离（D）/m	高差（h）/m
A－B										

（四）考核评价表

考核项目	考核内容及要求	分值	学生自评（10%）	小组评分（20%）	教师评分（70%）	实 得 分
准备工作（20分）	准备工作完整性	10				
	实训步骤内容描述	8				
	知识掌握完整程度	2				
工作过程（45分）	测量数据正确性、完整性	10				
	测量精度评价	5				
	报告完整性	30				
基本操作（10分）	操作程序正确	5				
	操作符合限差要求	5				
安全文明（10分）	叙述工作过程应注意的安全事项	5				
	工具正确使用和保养、放置规范	5				
完成时间（5分）	能够在要求的 90 min 内完成，每超时 5 min 扣 1 分	5				
合作性（10分）	独立完成任务得满分	10				
	在组内成员帮助下得6分					
总分（∑）		100				

项目四 使用全站仪测量及测设

实训八 全站仪基本测量

一、实训目标

（1）掌握免棱镜全站仪各部分构造组成的名称、位置和作用；掌握测量仪器的开箱、拿取、使用及装箱的相关注意事项；量取仪器和棱镜高的方法。

（2）掌握全站仪的架设顺序、整平、瞄准、读数各个操作环节的操作要点。

（3）掌握用全站仪进行一个测站的基本测量部分：水平距离、斜距、高差、水平角、竖直角。

（4）掌握用全站仪进行地面上点的坐标测量工作，包括测定地面点的平面坐标和高程的方法及操作步骤，能够进行控制测量、地形图测绘、竣工图测绘等工作。

（5）学会使用全站仪进行自由建站工作，能够灵活地根据现场地形条件进行建站，设置符合施工方便的临时测量控制点。

二、实训准备与要求

（一）实训准备

1. 场地条件

准备光线充足的室内或室外场地，无雨天的室外是最好的。室内场地长至少 20 m，宽度至少 5 m，室外可以选择宽阔的广场或路边人行道上进行操作练习。

2. 设备条件

30 m 钢尺或皮尺一把（或 50 m 钢尺），全站仪一套；与仪器配套的支架要求架头牢固，架腿伸缩自如，螺钉应固紧，架身无晃动，架腿支好后无滑动现象。

3. 工具及材料条件

准备标杆一根，计算器一个、2 m 小钢卷尺一把。

（二）教师准备

提前布置实训任务，让学生预习有关全站仪知识；按照预先的每 10 人分组，准备好实训材料和工具，制定好实训程序和步骤，指导学生进行实训活动。

（三）学生准备

做好知识的预习与储备，掌握有关全站仪的知识；提前分析本实训的工作程序，严格遵照实训指导书的操作要求和注意事项,按照组内分工积极参与实训活动。

(四)安全与文明要求

学生听从指导教师的安排及指挥,不在测量作业面上相互打闹;保护好测量仪器及工具;遵守测量实训须知的安全与文明要求;主动保护模拟施工场地上的各种测量标记,发现标记移动或损毁后要第一时间上报指导教师。

(五)参考资料

《工程测量规范》《测量员岗位工作技术标准》《公路工程施工技术规范》《土建工程测量》等。

三、实训内容

在指定实训场地内地面上,每位同学要在熟悉仪器构造的基础上,反复练习整平、瞄准、对光、读数,达到能正确使用各部分的螺旋。掌握整平、瞄准、对光与读数要领,能迅速准确地读出仪器盘上的读数。练习量取仪器和棱镜高的方法;练习测量水平角、水平距离及高差;练习使用全站仪测量任意点坐标及根据已知点确定建站点坐标的工作。

四、实训步骤和方法

在指定实训场地内地面上寻找确定的两个点 A、B(坐标已知),要求两点之间的距离等于 30 m。

(一)基本操作

(1)打开三脚架,安置于测站点 A 的正上方,并使架头大致水平,高度与观测者身高相适应。将全站仪安放在架头上,旋紧连接螺旋。对光学对中器进行调焦(或使用激光对中器),然后提起两脚架腿,并移动脚架使对中器中心对准地面标志点。升降架腿,使照准部圆水准器气泡居中,完成对中操作。按照与经纬仪整平的相同方法进行全站仪的整平,即旋转脚螺旋使长水准管的气泡在两个相互垂直的方向均居中,完成仪器的整平操作,最后量取仪器高。

(2)于另一固定点 B 上立放花杆(对应目标免棱镜模式)或安置棱镜杆于另一固定点 B 上(对应目标棱镜模式),经对中整平后,用棱镜砚标上的瞄准器对准全站仪,量取指定花杆高度位置或棱镜高。

(3)在老师的讲解下熟悉全站仪各主要部件的名称和作用。认识操作面板各按键,熟悉各旋钮、按键的作用与使用方法,掌握各显示符号的含义。

(4)打开仪器的"电源"按键,按显示屏的提示完成开机,设置相关参数,输入仪器高和棱镜高。

(5)仪器的目标照准,瞄准固定点 B 上花杆某固定高度位置或棱镜中心。

(6)按"测距"键,进入距离测量模式。开始距离测量,测距完成时显示水平角(HR)、水平距离(HD)、高差(VD)或水平角(HR)、竖直角(V)、斜距(SD)或水平角(HR)、水平距离

（HD）、竖直角（V）、高差（VD）（如仪器未设置输入仪器高、棱镜高，则为仪器望远镜中心至瞄准点高差）、斜距（SD）。用钢尺量距去校验距离。

（7）同样方法可以测量任意事先定下的 $C \sim F$ 点各数据。

（二）坐标测量及自由建站

1. 坐标测量

（1）全站仪安置在 A 点上，该点称为测站点，B 点称为后视点。全站仪对中、整平后，进行气象等基本设置。

（2）定向设置：输入测站点的坐标（x_A, y_A），高程 H_A（Z_A 坐标），全站仪的仪高 i，后视点的坐标（x_B, y_B），按计算"方位键"，精确瞄准后视点 B 按照准键，仪器自动计算出 AB 方向的方位角 α_{AB}，并将其设为当前水平角。

（3）转动全站仪瞄准某选定的建筑物角点 C，输入反射棱镜高 v，按"坐标测量"键，仪器就能根据 α_{AC} 和距离 D_{AC} 以及测站点的坐标自动计算出 C 点位置的坐标（x_C, y_C），高程 H_C（Z_C 坐标）。

（4）同样方法可以测量某选定的建筑物其他角点 D、E、F、G 各点坐标和高程。如果有些看不到，可以用坐标测量设置转点或采用下面学习的自由建站方法设置转点。

（5）利用 GASS 软件导出所测点位的坐标并绘制 CAD 图纸。

2. 自由建站

（1）全站仪安置在任意方便下一步测量或测设的位置，要求建站点与 A、B 两点连线所成的角度接近 90°，并且建站点与 A、B 两点的距离大致相等，这样才能保证自由建站的坐标测量的精度。全站仪对中、整平后，进行气象等基本设置。

（2）瞄准第一点 A，输入后视点 A 的坐标（x_A, y_A），测距，点击"增加"更多的点，瞄准第二点 B，输入后视点 B 的坐标（x_B, y_B），测距，显示"增加"点页面，如有可以继续增加，不需要则可选择"计算"，仪器自动计算出测站点坐标，按"点位误差"，显示测量值与设计值之间的差值。

（3）站点坐标被显示，按"接受"后，自由建站点坐标被保存，可以返回编辑并用于其他测量工作。

五、注意事项

（1）望远镜不得对准太阳测距，太阳光会烧毁测距接收器。

（2）在保养物镜、目镜和棱镜时，应吹掉透镜和棱镜上的灰尘，不要用手指触摸透镜和棱镜。

（3）钢尺质脆易折，应注意爱护。用完后，应擦净上油，以防生锈。量距时钢尺偏离定线方向，将使测线成为折线距离，导致量距结果偏大。

（4）全站仪属精密贵重测量仪器，要防止日晒、防雨淋、防碰撞震动。

（5）棱镜是易碎的精密光学器件，使用时要小心谨慎。

（6）底座连接中心螺旋要旋紧，防止照准部脱落。

（7）自由建站相对于在已知点上建站而言精度受条件限制较多，后方交会建站的测量结果是不稳定的,因此,在高精度测量中,不推荐使用这种方法。

六、全站仪基本测量实训报告

(一)实训任务书

课 程 名 称			项 目 四	使用全站仪测量及测设
实训八	全站仪基本测量		建议学时	4
班 级		学生姓名	工作日期	
实训目标	(1)掌握免棱镜全站仪各部分构造组成的名称、位置和作用;掌握测量仪器的开箱、拿取、使用及装箱的相关注意事项;量取仪器和棱镜高的方法; (2)掌握全站仪的架设顺序、整平、瞄准、读数各个操作环节的操作要点; (3)掌握用全站仪进行一个测站的基本测量部分:水平距离、斜距、高差、水平角、竖直角; (4)掌握用全站仪进行地面上点的坐标测量工作,包括测定地面点的平面坐标和高程的方法及操作步骤,能够进行控制测量、地形图测绘、竣工图测绘等工作; (5)学会使用全站仪进行自由建站工作,能够灵活地根据现场地形条件进行建站,设置符合施工方便的临时测量控制点			
实训内容	在指定实训场地内地面上,每位同学要在熟悉仪器构造的基础上,反复练习整平、瞄准、对光、读数,达到能正确使用各部分的螺旋。掌握整平、瞄准、对光与读数要领,能迅速准确地读出仪器盘上的读数。练习量取仪器和棱镜高的方法;练习测量水平角、水平距离及高差;练习使用全站仪测量任意点坐标及根据已知点确定建站点坐标的工作			
安全与文明要求	学生听从指导教师的安排及指挥,不在测量作业面上相互打闹;保护好测量仪器及工具;遵守测量实训须知的安全与文明要求;主动保护模拟施工场地上的各种测量标记,发现标记移动或损毁后要第一时间上报指导教师			
提交成果	实训报告			
对学生的要求	(1)具备角度、距离、高差测量的基础知识; (2)具备建立坐标系的基础知识; (3)具备几何方面的基础知识; (4)具备一定的实践动手能力、自学能力、数据计算能力、一定的沟通协调能力、语言表达能力和团队意识; (5)严格遵守课堂纪律,不迟到、不早退;学习态度认真、端正; (6)每位同学必须积极参与小组讨论; (7)完成"全站仪基本测量"实训报告			
考核评价	评价内容:仪器操作正确性和工作效率评价;测量数据的正确性、完整性评价;完成报告的完整性评价;安全文明和合作性评价等; 评价方式:由学生自评(自述、评价,占10%)、小组评价(分组讨论、评价,占20%)、教师评价(根据学生学习态度、工作报告及现场抽查知识或技能进行评价,占70%)构成该同学该实训成绩			

（二）实训准备工作

课 程 名 称			项 目 四	使用全站仪测量及测设
实训八		全站仪基本测量	建议学时	4
班 级		学生姓名	工作日期	
场地准备描述				
仪器设备准备描述				
工具材料准备描述				
知识准备描述				

（三）实训记录

1. 全站仪基本测量记录

全站仪基本测量记录表格

测 站	目标	棱镜高/m	水平角/(°′″)	竖直角/(°′″)	斜距/m	平距/m	高差/m（如仪器未设置输入仪器高、镜高则需计算）	钢尺量距/m
A（仪器高： ）	B							
	C							
	D							
	E							
	F							

试推算：

$\Delta BC =$ _____。

$\Delta CD =$ _____。

$\Delta DE =$ _____。

$\Delta BF =$ _____。

2. 全站仪坐标测量建筑物角点

全站仪坐标测量建筑物角点记录表格

建筑物简图	建筑物角点	棱镜高/m	X/m	Y/m	H/m	备注

3. 自由建站测量建站点坐标

自由建站测量建站点坐标记录表格

已知点	自由建站 C 点		自由建站 D 点		自由建站 E 点	
	X	Y	X	Y	X	Y
A						
B						
点位误差						

（四）考核评价表

考核项目	考核内容及要求	分值	学生自评（10%）	小组评分（20%）	教师评分（70%）	实 得 分
准备工作（20分）	准备工作完整性	10				
	实训步骤内容描述	8				
	知识掌握完整程度	2				
工作过程（45分）	测量数据正确性、完整性	10				
	测量精度评价	5				
	报告完整性	30				
基本操作（10分）	操作程序正确	5				
	操作符合限差要求	5				
安全文明（10分）	叙述工作过程应注意的安全事项	5				
	工具正确使用和保养、放置规范	5				
完成时间（5分）	能够在要求的 90 min 内完成，每超时 5 min 扣 1 分	5				
合作性（10分）	独立完成任务得满分	10				
	在组内成员帮助下得6分					
	总分（$\sum$）	100				

实训九　全站仪测设

一、实训目标

(1)掌握用全站仪进行水平距离。
(2)掌握用全站仪测设水平角。
(3)学会用全站仪测设高程。
(4)学会使用全站仪进行平面坐标放样。

二、实训准备与要求

(一)实训准备

1. 场地条件

准备光线充足的室内或室外场地,无雨天的室外是最好的。室内场地长至少 20 m,宽度至少 5 m,室外可以选择宽阔的广场或路边人行道上进行操作练习。

2. 设备条件

30 m 钢尺或皮尺一把(或 50 m 钢尺),全站仪一套;与仪器配套的支架要求架头牢固,架腿伸缩自如,螺钉应固紧,架身无晃动,架腿支好后无滑动现象。

3. 工具及材料条件

准备标杆一根,计算器一个,2 m 小钢卷尺一把。

(二)教师准备

提前布置实训任务,让学生预习有关全站仪知识;按照预先的每 10 人分组,准备好实训材料和工具,制定好实训程序和步骤,指导学生进行实训活动。

(三)学生准备

做好知识的预习与储备,掌握有关全站仪的知识;提前分析本实训的工作程序,严格遵照实训指导书的操作要求和注意事项,按照组内分工积极参与实训活动。

(四)安全与文明要求

学生听从指导教师的安排及指挥,不在测量作业面上相互打闹;保护好测量仪器及工具;遵守测量实训须知的安全与文明要求;主动保护模拟施工场地上的各种测量标记,发现标记移动或损毁后要第一时间上报指导教师。

(五)参考资料

《工程测量规范》《测量员岗位工作技术标准》《公路工程施工技术规范》《土建工程测量》等。

三、实训内容

在指定实训场地内地面上,掌握用全站仪放样 AB 指定方向线上水平距离 20 m,并用钢尺进行校核,沿 AB 方向顺时针测设 75°24′12″的水平角度;掌握用全站仪测设某指定立面上的已知高程位置;学会使用全站仪利用场地内两已知控制点测设某已知坐标数据点的平面位置。

四、实训步骤和方法

在指定实训场地内地面上寻找确定的两个点 A、B(坐标已知),要求两点之间的距离等于 30 m。

1. 测设水平距离 20 m

将全站仪安置在 A 点上,全站仪对中、整平后,进行气象等基本设置,瞄准 B 点进行锁定定向,配合者手持花杆听从观测者指挥使花杆左右调整至 AB 直线上地面某点,选择免棱镜测量模式设定测设 20 m,出现测设正负差值(实测值 – 设计值),若为正走近观测者,若为负走远观测者重新测量,直至显示差值为零或误差允许范围内(±5 mm)即可。若全站仪无测设距离模式,则可使用测量模式进行,此时显示具体的实测距离,观测者根据实测值与设计值比较指挥观测者走近走远完成测设。测设完毕使用钢尺量距进行校验其结果。

2. 测设水平角度

将全站仪安置在 A 点上,全站仪对中、整平后,进行气象等基本设置,瞄准 B 点进行锁定定向,此时进入角度设置界面,选择右/左转换设置成:右,返回角度测量界面(此时顺时针转动照准部角度增加,逆时针转动角度减小),连续两次按键"置零",则该方向水平角读数显示为 0°00′00″,然后打开水平制动旋钮,顺时针转动照准部至 75°24′左右再次水平制动(通常仪器的微动范围为 ±1.5′),利用微调螺旋使角度正好是 75°24′12″时望远镜所瞄准的方向就是测设方向。

3. 测设高程

欲在某指定立面上测设已知高程位置,若使用全站仪测设,主要方法包括全站仪视高法配合钢尺、悬高测量法及 Z 坐标法。

(1)全站仪视高法配合钢尺。可以利用全站仪视高法测定指定立面上的某一确定点位置的高程,然后利用悬挂钢尺将该点的高程向上或向下传递,测设已知高程。

(2)全站仪 Z 坐标法。利用全站仪 Z 坐标法在已知水准点上建站,通过假定坐标及方位角,输入建站点的 Z 坐标(即为该点的高程),去测定指定立面上的某一确定点位置的三维坐标,其中 Z 坐标为高程,与设计高程比较,利用卷尺完成测设高程的工作。

(3)悬高测量法。利用全站仪视高法或全站仪 Z 坐标法测定指定立面上的某一确定点位置的高程,然后再利用全站仪悬高测量的方法测设或测量立面上任意高程位置,与设计高程数据对应的点即为测设已知高程位置。

4. 测设已知坐标点的平面位置

(1)全站仪的安置与定向同坐标测量。

(2)建站完成后,需校核建站是否正确,操作方法如下,将棱镜安置在另外一个控制点 C 上,用全站仪测量 C 点的坐标,如果实测坐标与给定坐标在误差范围内,说明建站正确,否则应从新建站。

（3）进入坐标放样界面，输入待放样点 i 的坐标并确认，根据仪器的提示，将仪器旋转到指定方向，使显示屏上的水平度盘显示为 $0°00′00″$（ $±2″$ ），固定仪器，指挥棱镜扶持者将花杆或棱镜安置在全站仪指示的方向线上，并根据主操作手的指挥，使花杆或棱镜中心精确对准全站仪的十字丝交点，点击测量，根据提示数据，前后移动棱镜，使显示屏上的调整距离显示为 $0.000\ m$（ $±2\ mm$ ），此点即为待测点 i 的位置。

（4）此点打下木桩，并根据主操作手的提示，在木桩上钉上小铁钉或画上标志（模拟演示可以用笔）。

五、注意事项

（1）望远镜不得对准太阳测距，太阳光会烧毁测距接收器。

（2）在保养物镜、目镜和棱镜时，应吹掉透镜和棱镜上的灰尘，不要用手指触摸透镜和棱镜。

（3）钢尺质脆易折，应注意爱护。用完后，应擦净上油，以防生锈。量距时钢尺偏离定线方向，将使测线成为折线距离，导致量距结果偏大。

（4）全站仪属精密贵重测量仪器，要防止日晒、防雨淋、防碰撞震动。

（5）棱镜是易碎的精密光学器件，使用时要小心谨慎。

（6）底座连接中心螺旋要旋紧，防止照准部脱落。

（7）全站仪放样往往需要两个人的绝好配合，强调相互合作。

（8）埋设的测量标志尽可能避开施工人员的必经通道，测量标志应坚实牢固，以防被损坏。

（9）不要用眼睛盯着激光束看，也不要用激光束指向别人，反射光束对仪器来说都是有效测量。

六、全站仪测设实训报告

（一）实训任务书

课 程 名 称			项 目 四	使用全站仪测量及测设
实训九		全站仪测设	建议学时	4
班 级		学生姓名	工作日期	
实训目标		（1）掌握用全站仪进行水平距离； （2）掌握用全站仪测设水平角； （3）学会用全站仪测设高程； （4）学会使用全站仪进行平面坐标放样		
实训内容		在指定实训场地内地面上，掌握用全站仪放样 AB 指定方向线上水平距离 20 m，并用钢尺进行校核，沿 AB 方向顺时针测设 75°24′12″ 的水平角度；掌握用全站仪测设某指定立面上的已知高程位置；学会使用全站仪利用场地内两已知控制点测设某已知坐标数据点的平面位置		

安全与文明要求	学生听从指导教师的安排及指挥,不在测量作业面上相互打闹;保护好测量仪器及工具;遵守测量实训须知的安全与文明要求;主动保护模拟施工场地上的各种测量标记,发现标记移动或损毁后要第一时间上报指导教师
提交成果	实训报告
对学生的要求	(1)具备全站仪操作的基础知识; (2)具备角度、距离、高差及坐标放样的知识; (3)具备几何方面的基础知识; (4)具备一定的实践动手能力、自学能力、数据计算能力、一定的沟通协调能力、语言表达能力和团队意识; (5)严格遵守课堂纪律,不迟到、不早退;学习态度认真、端正; (6)每位同学必须积极参与小组讨论; (7)完成"全站仪测设"实训报告
考核评价	评价内容:仪器操作正确性和工作效率评价;测量数据的正确性、完整性评价;完成报告的完整性评价;安全文明和合作性评价等; 评价方式:由学生自评(自述、评价,占10%)、小组评价(分组讨论、评价,占20%)、教师评价(根据学生学习态度、工作报告及现场抽查知识或技能进行评价,占70%)构成该同学该实训的成绩

(二)实训准备工作

课程名称		项目四	使用全站仪测量及测设
实训九	全站仪测设	建议学时	4
班级	学生姓名	工作日期	
场地准备描述			
仪器设备准备描述			
工具材料准备描述			
知识准备描述			

(三)实训记录

回答以下问题:

1. 用文字描述测设逆时针 30°角的过程。

_____

_____

2. 利用 Z 坐标测设高程时未输入棱镜高,所测高程是否正确?为什么?

_____

_____

3. 已知某桥梁墩柱已经完成,欲在墩柱上测设盖梁施工的底标高线位置,文字描述你想到的测量方法。

_____

_____

4. 已知控制点 $A(200,310)$、$B(150,255)$,简述用全站仪放样 $P(220,290)$ 的操作步骤。

_____

_____

_____

(四)考核评价表

考核项目	考核内容及要求	分值	学生自评 (10%)	小组评分 (20%)	教师评分 (70%)	实 得 分
准备工作 (20分)	准备工作完整性	10				
	实训步骤内容描述	8				
	知识掌握完整程度	2				
工作过程 (45分)	测量数据正确性、完整性	10				
	测量精度评价	5				
	报告完整性	30				
基本操作 (10分)	操作程序正确	5				
	操作符合限差要求	5				
安全文明 (10分)	叙述工作过程应注意的安全事项	5				
	工具正确使用和保养、放置规范	5				
完成时间 (5分)	能够在要求的 90 min 内完成,每超时 5 min 扣 1 分	5				
合作性 (10分)	独立完成任务得满分	10				
	在组内成员帮助下得 6 分					
总分($\sum$)		100				

项目五 测设工作

实训十 使用水准仪测设已知高程

一、实训目标

（1）根据给定的高程控制点，利用水准仪测设出待测点的高程，并做好标记。
（2）掌握土建工程施工时常用的单点、水平线、坡度线及水平面测设的方法。

二、实训准备与要求

（一）实训准备

1. 场地条件
准备光线充足的室内或室外场地，无雨天的室外是最好的，室外场地长宽至少 30 m。可以选择宽阔的广场或路边人行道上进行操作练习。

2. 设备条件
使用 DS₃ 微倾式水准仪，精度为每千米中误差 ±3 mm，要求状态良好，无部件损坏情况；与仪器配套的支架要求架头牢固，架腿伸缩自如，螺钉应固紧，架身无晃动，架腿支好后无滑动现象。

3. 工具及材料条件
每组准备 3 m 长的水准尺 1 根。

（二）教师准备

提前布置实训任务，让学生预习有关知识；按照预先的每 5 人分组，准备好实训材料和工具，制定好实训程序和步骤，指导学生进行实训活动。

（三）学生准备

做好知识的预习与储备，掌握水准测量的方法；提前分析单点、水平线、坡度线及水平面测设的工作程序，严格遵照实训指导书的操作要求和注意事项，按照组内分工积极参与实训活动。

（四）安全与文明要求

学生听从指导教师的安排及指挥,不在测量作业面上相互打闹;保护好测量仪器及工具;遵守测量实训须知的安全与文明要求;主动保护模拟施工场地上的各种测量标记,发现标记移动或损毁后要第一时间上报指导教师。

（五）参考资料

《工程测量规范》《测量员岗位工作技术标准》《公路工程施工技术规范》《土建工程测量》等。

三、实训内容

根据给定的高程控制点（高程已知,位置确定）,利用水准仪测设出指定位置待测点的高程,依次完成单点、水平线、坡度线及水平面测设并做好标记。

四、实训步骤和方法

1. 单点高程测设

假设在设计图纸上查得建筑物的某位置的高程为 $H_设$,而附近有一水准点 A,其高程为 H_A,现要求把 $H_设$ 测设到木桩 B 上。如图 5.1 所示,在木桩 B 和水准点 A 之间安置水准仪,在 A 点上立尺,读数为 a,则水准仪视线高程为:

$$H_i = H_A + a$$

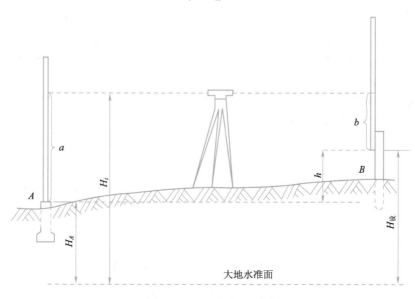

图 5.1　地面点高程测设

根据视线高程和地坪设计高程可算出 B 点尺上应有的读数为:

$$b_{应} = H_i - H_{设}$$

然后,将水准尺紧靠 B 点木桩侧面上下移动,直到水准尺读数为 $b_{应}$ 时,沿尺底在木桩侧面画线,此线就是测设的高程位置。

2. 测设水平线

上述的单点测设是要找到某一点的高程位置,在施工中需要测设水平线,即利用刚才的方法在该建筑物范围内再测设一点与 B 点通视的 C 点即可,将 BC 连线甚至延长即可得到所需要的水平线。

3. 测设坡度线

仍然以测设的 B 点为基础,坡度线 BD 的坡度为 $+5\%$, D 点与 B 点的水平距离为 $10\ \text{m}$ 。此时,可以计算出 $\Delta BD = 5\% \times 10\ \text{m} = 0.5\ \text{m}$ 。此时测设有两种方法:

一是在 B 点上立水准尺得到尺读数 a ,则 $d_{应} = a - 0.5$,然后将水准尺紧靠 D 点木桩侧面上下移动,直到水准尺读数为 $d_{应}$ 时,沿尺底在木桩侧面画线,连接 B 点和 D 点划线拉线绳即得到设计坡度线。

二是计算出 D 点的设计高程, $H_{D设} = H_B + 5\% \times 10 = H_B + 0.5$,利用上述的单点高程测设方法测设出 D 点高程位置,连线即可。

4. 测设水平面

工程施工中,欲使某施工平面满足规定的设计高程 $H_{设}$,可先在地面上按一定的间隔长度测设方格网,用木桩标定各方格网点(见图5.2)。在测设水平线的基础上再测设至少一点 E ,即可得到水平面,点愈多平面愈准确。

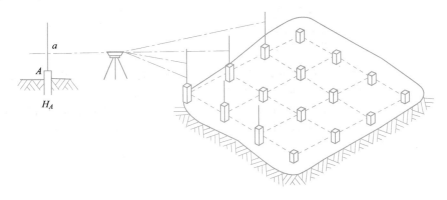

图5.2　水平面的测设

五、注意事项

(1)正确使用仪器各部分螺旋,应注意对螺旋不能用力强拧,以防损坏。

(2)瞄准目标读数前必须消除视差,并使符合水准器气泡居中。

(3)注意水准尺上标记与刻划的对应关系,避免读数发生错误。

(4)水准尺必须扶竖直,掌握标尺刻划规律,不管上下,只管有小到大。

(5)测站选择尽量放置在待测点与控制点的中垂线上,通视良好。

(6)仪器搬迁要根据距离的长短采取正确的方式,注意规范性。

六、使用水准仪测设已知高程实训报告

(一)实训任务书

课 程 名 称			项 目 五	测 设 工 作
实训十		使用水准仪测设已知高程	建议学时	2
班 级		学生姓名	工作日期	
实训目标		(1)根据给定的高程控制点,利用水准仪测设出待测点的高程,并做好标记; (2)掌握土建工程施工时常用的单点、水平线、坡度线及水平面测设的方法		
实训内容		根据给定的高程控制点(高程已知,位置确定),利用水准仪测设出指定位置待测点的高程,依次完成单点、水平线、坡度线及水平面测设并做好标记		
安全与文明要求		学生听从指导教师的安排及指挥,不在测量作业面上相互打闹;保护好测量仪器及工具;遵守测量实训须知的安全与文明要求;主动保护模拟施工场地上的各种测量标记,发现标记移动或损毁后要第一时间上报指导教师		
提交成果		实训报告		
对学生的要求		(1)具备水准仪操作的基础知识; (2)具备高程测设的知识; (3)具备几何方面的基础知识; (4)具备一定的自学能力、数据计算能力、一定的沟通协调能力、语言表达能力和团队意识; (5)严格遵守课堂纪律,不迟到、不早退;学习态度认真、端正; (6)每位同学必须积极参与小组讨论; (7)完成"使用水准仪测设已知高程"实训报告		
考核评价		评价内容:仪器操作正确性和工作效率评价;测量数据的正确性、完整性评价;完成报告的完整性评价;安全文明和合作性评价等; 评价方式:由学生自评(自述、评价,占10%)、小组评价(分组讨论、评价,占20%)、教师评价(根据学生学习态度、工作报告及现场抽查知识或技能进行评价,占70%)构成该同学该实训成绩		

(二)实训准备工作

课 程 名 称			项 目 五	测 设 工 作
实训十		使用水准仪测设已知高程	建议学时	2
班 级		学生姓名	工作日期	
场地准备描述				
仪器设备准备描述				

续表

工具材料准备描述	
知识准备描述	

（三）实训记录

给定的高程控制点：高程 122.320 m，（地点临时确定），利用水准仪测设出指定位置待测点的高程，依次完成单点 A、水平线 AB、坡度线 AP 及水平面 $ABCD$ 测设并做好标记。

1. 单点、水平线、水平面测设

由水准仪读得后视读数 $a =$ ＿＿＿＿＿＿ m，经计算得前视 $b_应 =$ ＿＿＿＿＿＿ m。（请在下面空白处，列出 b 的计算过程）

2. 坡度线测设

A 点 P 点水平距离为 15 m，坡度为 -4%。

由水准仪读得 A 点上水准尺后视读数 $a =$ ＿＿＿＿＿＿ m，经计算得前视 $b_{P应} =$ ＿＿＿＿＿＿ m。

（四）考核评价表

考核项目	考核内容及要求	分值	学生自评（10%）	小组评分（20%）	教师评分（70%）	实得分
准备工作（20分）	准备工作完整性	10				
	实训步骤内容描述	8				
	知识掌握完整程度	2				
工作过程（45分）	测量数据正确性、完整性	10				
	测量精度评价	5				
	报告完整性	30				
基本操作（10分）	操作程序正确	5				
	操作符合限差要求	5				
安全文明（10分）	叙述工作过程应注意的安全事项	5				
	工具正确使用和保养、放置规范	5				
完成时间（5分）	能够在要求的 90 min 内完成，每超时 5 min 扣 1 分	5				

考核项目	考核内容及要求	分值	学生自评 （10%）	小组评分 （20%）	教师评分 （70%）	实　得　分
合作性 （10分）	独立完成任务得满分	10				
	在组内成员帮助下得6分					
总分（∑）		100				

实训十一　使用经纬仪测设已知角度

一、实训目标

（1）能够用盘左盘右（正倒镜）分中法测设已知水平角。

（2）能够用垂线支距改正法精确测设已知水平角。

二、实训准备与要求

（一）实训准备

1. 场地条件

准备光线充足的室内或室外场地,无雨天的室外是最好的,场地长宽至少10 m。可以选择宽阔的广场或路边人行道上进行操作练习。

2. 设备条件

使用 DJ$_2$ 光学经纬仪,测角精度为2″,要求状态良好,无部件损坏情况;与仪器配套的支架要求架头牢固,架腿伸缩自如,螺钉应固紧,架身无晃动,架腿支好后无滑动现象。

3. 工具及材料条件

准备30 m钢尺1把,5 m小卷尺1把,立点定向的标杆(红白20 cm相间标示)一根,画点用记号笔或白板笔。

（二）教师准备

提前布置实训任务,让学生预习有关知识;按照预先的每5人分组,准备好实训材料和工具,制定好实训程序和步骤,指导学生进行实训活动。

（三）学生准备

做好知识的预习与储备,掌握使用经纬仪测设已知角度的方法;提前分析盘左盘右分中法及垂线改正法测设已知水平角的工作程序,严格遵照实训指导书的操作要求和注意事项,按照组内分工积极参与实训活动。

（四）安全与文明要求

学生听从指导教师的安排及指挥,不在测量作业面上相互打闹;保护好测量仪器及工具;

遵守测量实训须知的安全与文明要求;主动保护模拟施工场地上的各种测量标记,发现标记移动或损毁后要第一时间上报指导教师。

(五)参考资料

《工程测量规范》《测量员岗位工作技术标准》《公路工程施工技术规范》《土建工程测量》等。

三、实训内容

在现场任意标定两点为 A、B,已知 $\angle BAC = 70°15'30''$,角度为顺时针方向,AC 长度为 20 m。试用盘左盘右(正倒镜)分中法在 A 点建立测站,后视 B 点,测设出 C 点;在此基础上再用垂线支距改正法精确测设该角度。

四、实训步骤和方法

1. 盘左盘右(正倒镜)分中法

当测设精度要求不高时,可用盘左盘右取中的方法,得到欲测设的角度。如图 5.3 所示,安置仪器于 A 点,先以盘左位置照准 B 点,使水平度盘读数为零,松开制动螺旋,旋转照准部,使水平度盘读数为 β,亦可按度盘差进行测设,在此视线方向上量取指定距离定出 C'。再用盘右位置重复上述步骤,测设 β 角定出 C'' 点。取 C' 和 C'' 的中点 C,则 $\angle BAC$ 就是要测设的 β 角。

2. 垂线支距改正法

当测设水平角精度要求较高时,需采用垂线支距改正的精确方法。其基本原理是在一般测设的基础上进行垂线改正,从而提高测设精度。

(1)如图 5.4 所示,安置仪器于 A 点,先用一般方法测设 β 角,在地面上定出 C 点。

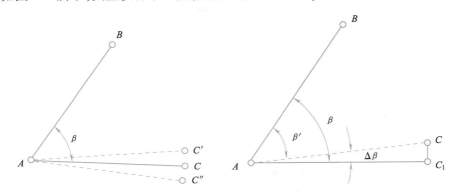

图 5.3 盘左盘右分中法   图 5.4 垂线支距改正法($\Delta\beta$ 为正)

(2)用测回法观测 $\angle BAC$,测回数可视精度要求而定,取各测回角值的平均值 β' 作为观测结果,计算出已知角值 β 与平均值 β' 的差值:$\beta - \beta' = \Delta\beta$。

(3)根据 AC 长度和 $\Delta\beta$ 计算其垂直距离 CC_1:

$$CC_1 = AC \cdot \tan\Delta\beta = AC \cdot \frac{\Delta\beta}{\rho}$$

（4）过 C 点作 AC 的垂直方向，向外量出 CC_1 即得 C_1 点，则 $\angle BAC_1$ 就是精确测定的 β 角。注意 CC_1 的方向，要根据 $\Delta\beta$ 的正负号定出向里或向外的方向，如 $\Delta\beta$ 为正，则沿 AC 的垂直方向向外量取，反之向内量取。

五、注意事项

（1）安置仪器时，脚架要稳固，脚架的固定螺旋应拧紧（注意松紧的方向，勿乱拧），中心螺旋也要适当拧紧。

（2）观测时，立在点位上的花杆应尽量竖直，尽可能用十字丝交点瞄准花杆根部，最好能瞄准桩心的点位。

（3）在观测左方目标后，进而观测右方目标时，切不可转动度盘。

（4）在计算角度值时，若右目标读数目标读数小，则应在右目标读数上加 360° 后，再减左目标读数。

六、使用经纬仪测设已知角度实训报告

（一）实训任务书

课 程 名 称		项 目 五	测 设 工 作
实训十一	使用经纬仪测设已知角度	建议学时	3
班 级	学生姓名	工作日期	
实训目标	（1）能够用盘左盘右（正倒镜）分中法测设已知水平角； （2）能够用垂线支距改正法精确测设已知水平角		
实训内容	在现场任意标定两点为 A、O，已知 $\angle AOB = 70°15'30''$，角度为顺时针方向，OB 长度为 20 m。试用盘左盘右（正倒镜）分中法在 O 点测站，后视 A 点，测设出 B 点；在此基础上再用垂线支距改正法精确测设该角度		
安全与文明要求	学生听从指导教师的安排及指挥，不在测量作业面上相互打闹；保护好测量仪器及工具；遵守测量实训须知的安全与文明要求；主动保护模拟施工场地上的各种测量标记，发现标记移动或损毁后要第一时间上报指导教师		
提交成果	实训报告		
对学生的要求	（1）具备经纬仪操作的基础知识； （2）具备角度和距离测设的知识； （3）具备几何方面的基础知识； （4）具备一定的实践动手能力、自学能力、数据计算能力、一定的沟通协调能力、语言表达能力和团队意识； （5）严格遵守课堂纪律，不迟到、不早退；学习态度认真、端正； （6）每位同学必须积极参与小组讨论； （7）完成"使用经纬仪测设已知角度"实训报告		

续表

考核评价	评价内容:仪器操作正确性和工作效率评价;测量数据的正确性、完整性评价;完成报告的完整性评价;安全文明和合作性评价等; 评价方式:由学生自评(自述、评价,占 10%)、小组评价(分组讨论、评价,占 20%)、教师评价(根据学生学习态度、工作报告及现场抽查知识或技能进行评价,占 70%)构成该同学该实训成绩

(二)实训准备工作

课 程 名 称			项 目 五	测 设 工 作
实训十一	使用经纬仪测设已知角度		建议学时	3
班 级		学生姓名	工作日期	
场地准备描述				
仪器设备准备描述				
工具材料准备描述				
知识准备描述				

(三)实测记录

现场标定观测记录表

1. 盘左盘右分中法测设水平角

C' 和 C'' 之间的距离是_____ m。

2. 垂线支距改正法测设水平角

(1)测回法测得平均值 $\beta' =$ _____。

(2)已知角值 β 与平均值 β' 的差值: $\Delta\beta = \beta - \beta' =$ _____。改正的方向是向_____。

(3)根据 AC 长度和 $\Delta\beta$ 计算其垂直距离 CC_1:

$$CC_{\mathrm{I}} = AC \cdot \tan\Delta\beta = AC \cdot \frac{\Delta\beta}{\rho} = \underline{\hspace{2cm}}\ \mathrm{m}。$$

（四）考核评价表

考 核 项 目	考核内容及要求	分值	学生自评（10%）	小组评分（20%）	教师评分（70%）	实 得 分
准备工作（20分）	准备工作完整性	10				
	实训步骤内容描述	8				
	知识掌握完整程度	2				
工作过程（45分）	测量数据正确性、完整性	10				
	测量精度评价	5				
	报告完整性	30				
基本操作（10分）	操作程序正确	5				
	操作符合限差要求	5				
安全文明（10分）	叙述工作过程应注意的安全事项	5				
	工具正确使用和保养、放置规范	5				
完成时间（5分）	能够在要求的 90 min 内完成，每超时 5 min 扣 1 分	5				
合作性（10分）	独立完成任务得满分	10				
	在组内成员帮助下得 6 分					
	总分（∑）	100				

项目六　控　制　测　量

实训十二　闭合导线控制测量

一、实训目标

(1)掌握导线控制测量的意义和作用。
(2)能够完成闭合导线的外业测量工作及内业平差计算工作。
(3)能够熟练地用全站仪进行导线坐标的测量工作。

二、实训准备与要求

(一)实训准备

1. 场地条件

准备光线充足的室内或室外场地,无雨天的室外是最好的,室内场地长宽至少 10 m,室外可以选择宽阔的广场进行操作练习。

2. 设备条件

使用 DJ$_2$ 光学经纬仪一套主测,测角精度为 2″,要求状态良好,无部件损坏情况;与仪器配套的支架要求架头牢固,架腿伸缩自如,螺钉应固紧,架身无晃动,架腿支好后无滑动现象。另每组配备一套全站仪进行导线点位坐标测量使用。

3. 工具及材料条件

准备 30 m 钢尺 1 把,5 m 小卷尺 1 把,立点定向的标杆(红白 20 cm 相间标示)一根,画点用记号笔或白板笔。

(二)教师准备

提前布置实训任务,让学生预习有关知识;按照预先的每 10 人分组,准备好实训材料和工具,制定好实训程序和步骤,指导学生进行实训活动。

(三)学生准备

做好知识的预习与储备,掌握闭合导线控制测量的方法;提前分析闭合导线控制测量的工作程序,严格遵照实训指导书的操作要求和注意事项,按照组内分工积极参与实训活动。

（四）安全与文明要求

学生听从指导教师的安排及指挥,不在测量作业面上相互打闹;保护好测量仪器及工具;遵守测量实训须知的安全与文明要求;主动保护模拟施工场地上的各种测量标记,发现标记移动或损毁后要第一时间上报指导教师。

（五）参考资料

《工程测量规范》《测量员岗位工作技术标准》《公路工程施工技术规范》《土建工程测量》等。

三、实训内容

实训场地内有已知控制点 A、B,另有需要测定坐标的控制点 1、2、3、4(也可以各组自行选择点位),其形式如图 6.1 所示。试完成闭合导线的外业测量工作及内业平差计算工作。

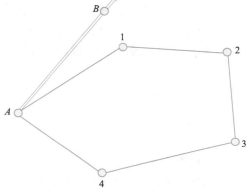

图 6.1　闭合导线布设形式

四、实训步骤和方法

（一）导线测量的外业工作

导线测量的外业工作包括:踏勘选点、测量边长及转折角、与高级控制点的连接测量。

1. 踏勘选点及建立标志

踏勘选点之前,应调查收集测区已有的地形图和高一级控制点数据资料,先在图上规划导线和布设方案,然后到实地踏勘、核对、修改,选定导线点位并建立标志。选定点位时,应注意以下几点:

（1）相邻导线点间应通视良好,以便于测角和测边(如用钢尺量距,地势应平坦)。

（2）点位应选择在土质坚实,便于保存标志和安置仪器的地方。

（3）视野开阔,便于碎部测量和加密。

（4）各导线边长应大致相等,尽量避免相邻边长相差悬殊。

（5）导线点应分布均匀,有足够密度,以便能控制整个测区。

2. 测量边长

导线边长测量可用全站仪测定,也可钢尺丈量方法。

3. 测量转折角

导线转折角测量一般采用测回法测量,两个以上方向组成的角也可用方向法。导线转折角有左角和右角之分,导线前进方向右侧的角称为右角,反之则为左角。在闭合导线中均测多边形的内角,导线转折角一般用 J_2 型经纬仪观测一测回,对中误差应小于 1 mm,上、下两半测回较差不超过 $\pm 20''$ 时,取其平均值。

4. 与高级控制点的连接测量

连接测量的目的是要获得导线的起算数据,一般情况下是利用高级控制点的坐标和控制边的坐标方位角求出导线起始点的坐标和起始边的坐标方位角,所以当需要与高级控制点进行连测时,需进行连接测量。

(二)导线测量的内业计算

导线测量内业计算的目的,就是根据已知的起算数据和外业的观测成果,经过误差调整,推算各导线点的平面坐标。

进行导线内业计算前,应当全面地检查导线测量外业成果有无遗漏、记错、算错,成果是否都符合精度要求。然后,绘制导线略图,注明实测的边长、转折角、起始方位角数据。

1. 角度闭合差的计算与调整

角度闭合差为实际观测角值的和与理论值的和之差。由于角度观测中不可避免地存在误差,使得观测角值的和与理论值的和不等,即角度闭合差 f_β:

$$f_\beta = \sum \beta_测 - \sum \beta_理$$

闭合导线:
$$\sum \beta_理 = (n - 2) \times 180°$$

式中,n 为包括连接角在内的导线转折角数。图根导线角度闭合差的容许值:

$$f_{\beta容} = \pm 40'' \sqrt{n}$$

若 $|f_\beta| \leqslant |f_{\beta容}|$,则可进行角度闭合差的调整,否则,应分析原因进行重测。角度闭合差的调整原则是,将 f_β 以相反的符号平均分配到各观测角中。

即各角的改正数为:
$$V_\beta = -f_\beta / n$$

改正后的角度为:
$$\beta_改 = \beta_测 + V_\beta$$

计算时,根据角度取位的要求,改正数可凑整到 $1''$、$6''$ 或 $10''$。若不能均分,一般情况下,给短边的夹角多分配一点,使各角改正数的总和与反号的闭合差相等,即 $\sum V_\beta = -f_\beta$,此条件用于计算检核。

2. 推算各个边的坐标方位角

根据起始边已知坐标方位角和改正后角值,按方位角推算公式推算各边的坐标方位角。

若转折角为右角,方位角推算公式为:
$$\alpha_前 = \alpha_后 + 180° - \beta_右$$

若转折角为左角,方位角推算公式为:
$$\alpha_前 = \alpha_后 + \beta_左 - 180°$$

按上述方法按前进方向逐边推算坐标方位角,最后算出终边坐标方位角,应与已知的终边坐标方位角相等,否则应重新检查计算。必须注意,当计算出的方位角大于 360° 时,应减去 360°,为负值时应加上 360°。

3. 坐标增量的计算

根据已推算出的导线各边的坐标方位角和相应边的边长。如图 6.2 如果是导线边 A1;其坐标方位角为 α_{A1} 和相应边的边长 D_{A1},按下式计算各边的坐标增量。

$$\Delta x_{A1} = D_{A1} \cos \alpha_{A1}$$
$$\Delta y_{A1} = D_{A1} \sin \alpha_{A1}$$

同法可算得其他各边的坐标增量值。

4. 坐标增量闭合差的计算和调整

坐标增量闭合差是指坐标增量观测值的和与理论值的和之差。

理论上,各边的纵、横坐标增量代数和应等于终、始两已知点间的纵、横坐标差,由于闭合导线终、始两已知点为同一点即闭合导线:

$$\sum \Delta x_{理} = 0, \sum \Delta y_{理} = 0$$

而实际上,由于调整后的各转折角和实测的各导线边长均含有误差,导致实际计算的各边纵、横坐标增量的代数和不等于附合导线终点和起点的纵、横坐标之差。它们的差值即为纵、横坐标增量闭合差 f_x 和 f_y,即:

$$f_x = \sum \Delta x_{测} - \sum \Delta x_{理}$$

$$f_y = \sum \Delta y_{测} - \sum \Delta y_{理}$$

由于 f_x 和 f_y 的存在,使导线推算出的导线点与已知点不能闭合,存在一个缺口的长度 $C - C'$,这个长度称为导线全长闭合差,用 f_D 表示,计算公式为:

$$f_D = \sqrt{f_x^2 + f_y^2}$$

导线越长,全长闭合差也越大。因此,以 f_D 值的大小不能显示导线测量的精度,应当将 f_D 与导线全长 $\sum D$ 相比较。通常,用相对闭合差来衡量导线测量的精度,计算公式为:

$$K = \frac{f_D}{\sum D} = \frac{1}{\sum D / f_D}$$

导线的相对全长闭合差应小于容许相对闭合差 $K_{容}$,图根导线的 $K_{容}$ 为 1/2 000。

若 K 大于 $K_{容}$,则说明成果不合格,应首先检查内业计算有无错误,然后检查外业观测成果,必要时重测。若 K 不超过 $K_{容}$,则说明测量成果符合精度要求,可以进行调整。调整的原则是:将 f_x 和 f_y 以相反符号按与边长成正比分配到相应的纵、横坐标增量中去。以 v_{xi}、v_{yi} 分别表示第 i 边的纵、横坐标增量改正数,即

$$v_{xi} = -\frac{f_x}{\sum D} \times D_i$$

$$v_{yi} = -\frac{f_y}{\sum D} \times D_i$$

纵、横坐标增量改正数之和应满足下式:

$$\sum v_x = -f_x$$

$$\sum v_y = -f_y$$

各边坐标增量计算值加改正数,即得各边改正后的坐标增量,即

$$\Delta x_{i改} = \Delta x_i + v_{xi}$$

$$\Delta y_{i改} = \Delta y_i + v_{yi}$$

经过调整,改正后的纵、横坐标增量之代数和应分别等于终、始已知点坐标之差,对于闭合导线

$$\sum \Delta x_{i改} = 0$$

$$\sum \Delta y_{i改} = 0$$

以资检核。

5. 导线点的坐标计算

根据导线起始点的已知坐标及改正后的坐标增量,依次推算出其他各导线点的坐标,最后推算出终点的坐标,其值应与已知坐标或给定坐标相同,以此作为计算检核。

计算示例:图6.2所示为闭合导线测量数据图,A、B为控制点,计算导线点1、2、3、4的坐标。已知:$x_A = 1\,246.81$ m,$y_A = 3\,308.65$ m,$\alpha_{AB} = 328°37'06''$。

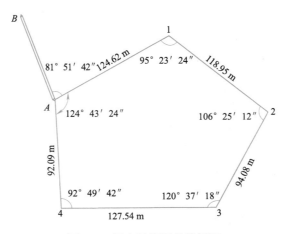

图6.2　闭合导线测量数据图

解:根据前面所讲的坐标计算步骤,计算结果如表6.1所示。

表6.1　闭合导线坐标计算

点号	观测角	改正数	改正角	坐标方位角	距离/m	增量计算值		改正后增量		坐标	
						Δx/m	Δy/m	Δx/m	Δy/m	x/m	y/m
A				50°28′48″	124.62	+0.02 +79.30	+0.04 +96.13	+79.32	+96.17	1 246.81	3 308.65
1	95°23′24″	+12″	95°23′36″	135°05′12″	118.95	+0.02 −84.24	+0.04 +83.98	−84.22	+84.02	1 326.13	3 404.82
2	106°25′12″	+12″	106°25′24″	208°39′48″	94.08	+0.02 −82.55	+0.03 −45.13	−82.53	−45.10	1 241.91	3 488.84
3	120°37′18″	+12″	120°37′30″	268°02′18″	127.54	+0.02 −4.37	+0.05 −127.47	−4.35	−127.42	1 159.38	3 443.74
4	92°49′42″	+12″	92°49′54″	355°12′24″	92.09	+0.01 +91.77	+0.03 −7.70	+91.78	−7.67	1 155.03	3 316.32
A	124°43′24″	+12″	124°43′36″	50°28′48″						1 246.81	3 308.65
1											
Σ	539°59′00″	+60″	540°00′00″		557.28	−0.09	−0.19	0	0		

点号	观测角	改正数	改正角	坐标方位角	距离/m	增量计算值		改正后增量		坐标	
						$\Delta x/m$	$\Delta y/m$	$\Delta x/m$	$\Delta y/m$	x/m	y/m
辅助计算	$\sum \beta_{理} = (n-2) \times 180° = (5-2) \times 180° = 540°00'00''$ $f_\beta = \sum \beta_{测} - \sum \beta_{理} = 539°56'00'' - 540°00'00'' = -1'00''$ $f_{\beta容} = \pm 60''\sqrt{n} = \pm 60''\sqrt{5} = \pm 2'14''$ $f_x = \sum \Delta x_{测} - \sum \Delta x_{理} = -0.09 - 0 = -0.09(m)$ $f_y = \sum \Delta y_{测} - \sum \Delta y_{理} = -0.19 - 0 = -0.19(m)$ $f_D = \sqrt{f_x^2 + f_y^2} = \sqrt{(-0.09)^2 + (-0.19)^2} = 0.21(m)$ $k = f_D / \sum D = 0.21/557.28 = 1/2\ 650$										

（三）利用全站仪测量待测控制点坐标

利用前面的全站仪坐标测量的方法测量 1、2、3、4 控制点坐标，与利用经纬仪、钢尺或全站仪测距计算的坐标比较，然后完成以坐标为观测值的导线近似平差计算。

五、注意事项

（1）安置仪器时，脚架要稳固，脚架的固定螺旋应拧紧（注意松紧的方向，勿乱拧），中心螺旋也要适当拧紧。

（2）观测时，立在点位上的花杆应尽量竖直，尽可能用十字丝交点瞄准花杆根部，最好能瞄准桩心的点位。

（3）要求对中误差小于 1 mm，整平误差管气泡要求小于一格。

（4）放样桩位画点时使用十字交叉线，交点即为桩位。

六、闭合导线控制测量实训报告

（一）实训任务书

课程名称			项目六	控制测量
实训十二	闭合导线控制测量		建议学时	4
班级		学生姓名	工作日期	
实训目标	（1）掌握导线控制测量的意义和作用； （2）能够完成闭合导线的外业测量工作及内业平差计算工作； （3）能够熟练地用全站仪进行导线坐标的测量工作			
实训内容	实训场地内有已知控制点 A、B，另有需要测定坐标的控制点 1、2、3、4（也可以各组自行选点位），其形式如下图所示。试完成闭合导线的外业测量工作及内业平差计算工作			

实训内容	
安全与文明要求	学生听从指导教师的安排及指挥,不在测量作业面上相互打闹;保护好测量仪器及工具;遵守测量实训须知的安全与文明要求;主动保护模拟施工场地上的各种测量标记,发现标记移动或损毁后要第一时间上报指导教师
提交成果	实训报告
对学生的要求	(1)具备工程识图与绘图的基础知识; (2)具备工程构造的知识; (3)具备几何方面的基础知识; (4)具备角度测量知识、距离测量知识及方位角推算知识; (5)具备一定的实践动手能力、自学能力、数据计算能力、一定的沟通协调能力、语言表达能力和团队意识; (6)严格遵守课堂纪律,不迟到、不早退;学习态度认真、端正; (7)每位同学必须积极参与小组讨论; (8)完成"闭合导线控制测量"实训报告
考核评价	评价内容:仪器操作正确性和工作效率评价;测量数据的正确性、完整性评价;完成报告的完整性评价;安全文明和合作性评价等; 评价方式:由学生自评(自述、评价,占10%)、小组评价(分组讨论、评价,占20%)、教师评价(根据学生学习态度、工作报告及现场抽查知识或技能进行评价,占70%)构成该同学该实训成绩

(二)实训准备工作

课 程 名 称			项 目 六	控 制 测 量
实训十二	闭合导线控制测量		建议学时	4
班 级		学生姓名	工作日期	
场地准备描述				

仪器设备准备描述	
工具材料准备描述	
知识准备描述	

（三）实训记录

1. 现场观测记录表

外业测量：外业实操建立闭合导线，并利用经纬仪钢尺法进行测量。

已知数据：导线起始点 A 的坐标为（500，500），另一已知点 B 的坐标为（550，550）。（该点位由老师根据小组的现场实际确定）

（1）请绘制路线控制测量简图

（2）测角（包括连接高级导线点的角）

测　站	竖盘位置	目标点	水平度盘读数	半测回角值	一测回角值	角 的 名 称	备　　注

续表

测　站	竖盘位置	目标点	水平度盘读数	半测回角值	一测回角值	角 的 名 称	备　注

闭合导线内角和角值：_____。

理论值：_____。

容许误差：_____。

（3）量边：

$A-1$ 边：_____。

$1-2$ 边：_____。

$2-3$ 边：_____。

$3-4$ 边：_____。

$4-A$ 边：_____。

2. 闭合导线坐标计算

承接闭合导线的外业测量成果进行下表计算。

闭合导线坐标计算表

$\alpha_{AB}=$ _____　　连接角 $\angle BA1=$ _____

点号	观测角	改正数	改正角	坐标方位角	距离/m	增量计算值		改正后增量		计 算 坐 标		全站仪测定坐标	
						Δx/m	Δy/m	Δx/m	Δy/m	x/m	y/m	x/m	y/m
A	—	—	—							500	500	500	500
1													
2													
3													
4													
A													
1	—	—	—										
Σ													

续表

点号	观测角	改正数	改正角	坐标 方位角	距离 /m	增量计算值		改正后增量		计 算 坐 标		全站仪测定坐标	
						Δx/m	Δy/m	Δx/m	Δy/m	x/m	y/m	x/m	y/m
辅助 计算													

$$\sum \beta_{理} = (n-2) \times 180° =$$

$$f_\beta = \sum \beta_{测} - \sum \beta_{理} =$$

$$f_{\beta容} = \pm 40'' \sqrt{n} =$$

$$V_\beta = -f_\beta / n =$$

$$f_x = \sum \Delta x_{测} - \sum \Delta x_{理} =$$

$$f_y = \sum \Delta y_{测} - \sum \Delta y_{理} =$$

$$f_D = \sqrt{f_x^2 + f_y^2} =$$

$$K = \frac{f_D}{\sum D} = \frac{1}{\sum D / f_D} =$$

$$v_{xi} = -\frac{f_x}{\sum D} \times D_i =$$

$$v_{yi} = -\frac{f_y}{\sum D} \times D_i =$$

（四）考核评价表

考核项目	考核内容及要求	分值	学生自评 （10%）	小组评分 （20%）	教师评分 （70%）	实 得 分
准备工作 （20分）	准备工作完整性	10				
	实训步骤内容描述	8				
	知识掌握完整程度	2				
工作过程 （45分）	测量数据正确性、完整性	10				
	测量精度评价	5				
	报告完整性	30				
基本操作 （10分）	操作程序正确	5				
	操作符合限差要求	5				
安全文明 （10分）	叙述工作过程应注意的安全事项	5				
	工具正确使用和保养、放置规范	5				
完成时间 （5分）	能够在要求的 90 min 内完成，每超时 5 min 扣 1 分	5				
合作性 （10分）	独立完成任务得满分	10				
	在组内成员帮助下得 6 分					
	总分（$\sum$）	100				

实训十三　高程控制测量

一、实训目标

（1）掌握三、四等水准测量的观测程序，掌握其记录、计算和检核的方法。
（2）能够熟练进行水准测量的闭合差调整，掌握推求待定点高程的方法。
（3）学会利用全站仪进行三角高程控制测量。

二、实训准备与要求

（一）实训准备

1. 场地条件

无雨天的室外是最好的，室外场地可以选择宽阔的广场或路边人行道上进行操作练习，路线长度不小于 400 m。

2. 设备条件

使用 DS$_3$ 自动安平水准仪，精度为每千米中误差 ±3 mm，要求状态良好，无部件损坏情况；与仪器配套的支架要求架头牢固，架腿伸缩自如，螺钉应固紧，架身无晃动，架腿支好后无滑动现象。全站仪一套，用于三角高程控制测量使用。

3. 工具及材料条件

每组准备 3 m 长的水准尺 1 套 2 根。

（二）教师准备

提前布置实训任务，让学生预习有关知识；按照预先的每 5 人分组，准备好实训材料和工具，制定好实训程序和步骤，指导学生进行实训活动。

（三）学生准备

做好知识的预习与储备，掌握水准测量的方法；提前分析闭合水准路线测量的工作程序，严格遵照实训指导书的操作要求和注意事项，按照组内分工积极参与实训活动。

（四）安全与文明要求

学生听从指导教师的安排及指挥，不在测量作业面上相互打闹；保护好测量仪器及工具；遵守测量实训须知的安全与文明要求；主动保护模拟施工场地上的各种测量标记，发现标记移动或损毁后要第一时间上报指导教师。

（五）参考资料

《工程测量规范》《测量员岗位工作技术标准》《公路工程施工技术规范》《土建工程测

量》等。

三、实训内容

利用自动安平水准仪完成三、四等闭合水准路线测量工作,从起始水准点 BM_1(其位置确定,高程已知)出发(见图6.3),按照指定线路进行测量预先设置的 SD_1、SD_2、SD_3 水准点高程,最后返回到起始水准点 BM_1;完成必要的记录和计算,并求出高差闭合差;进行闭合差分配,求出各待测水准点高程。然后,再利用全站仪进行三角高程控制测量。

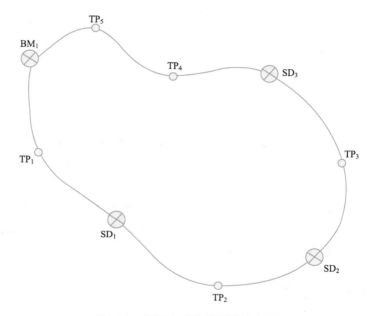

图6.3 闭合水准路线测量示意图

四、实训步骤和方法

(一)三、四等水准测量(双面尺法)

1. 三、四等水准测量的观测与记录方法

采用水准尺为配对的双面尺,在测站应按以下顺序观测读数,读数应填入记录表的相应位置(见表6.2)。

(1)后视黑面,读取下、上、中丝读数,记入(1)、(2)、(3)中;

(2)前视黑面,读取下、上、中丝读数,记入(4)、(5)、(6)中;

(3)前视红面,读取中丝读数,记入(7);

(4)后视红面,读取中丝读数,记入(8)。

以上(1),(2),…,(8)表示观测与记录的顺序。这样的观测顺序简称为"后—前—前—后",其优点是可以大大减弱仪器下沉误差的影响。四等水准测量测站观测顺序也可为"后—后—前—前"的顺序观测。

表 6.2　三、四等水准测量记录（双面尺法）

测站	点号	后尺 下丝 上丝	前尺 下丝 上丝	方向及 尺号	水准尺读数/m		$K+$黑$-$ 红/mm	平均高 差/m	备注
					黑面	红面			
		后视距	前视距						
		视距差 d/m	视距差之 和 $\sum d$/m						
		(1)	(4)	后	(3)	(8)	(14)		
		(2)	(5)	前	(6)	(7)	(13)	(18)	
		(9)	(10)	后—前	(15)	(16)	(17)		
		(11)	(12)						K 为尺常数
1	BM$_5$ - TP$_1$	1.536	1.030	后 5	1.242	6.030	-1		$K_5=4.787$
		0.947	0.442	前 6	0.736	5.422	$+1$	+0.5070	$K_6=4.687$
		58.9	58.8	后—前	+0.506	+0.608	-2		
		+0.1	+0.1						
…	…	…	…	…	…	…		…	

2. 测站计算与检核

（1）在每一测站，应进行以下计算与检核工作：

a. 视距计算：

● 后视距离：$(9)=\lvert(1)-(2)\rvert\times100$。

● 前视距离：$(10)=\lvert(4)-(5)\rvert\times100$。

● 前、后视距离差：$(11)=(9)-(10)$。该值在三等水准测量时，不得超过 3 m；四等水准测量时，不得超过 5 m。

b. 同一水准尺黑、红面中丝读数的检核。同一水准尺红、黑面中丝读数之差，应等于该尺红、黑面的常数 K（4.687 或 4.787），其差值为：

● 前视尺：$(13)=(6)+K-(7)$。

● 后视尺：$(14)=(3)+K-(8)$。

(13)、(14)的大小在三等水准测量时，不得超过 2 mm；四等水准测量时，不得超过 3 mm。

c. 高差计算及检核：

● 黑面所测高差：$(15)=(3)-(6)$。

● 红面所测高差：$(16)=(8)-(7)$。

● 黑、红面所测高差之差：$(17)=(15)-(16)\pm0.100=(14)-(13)$。

该值在三等水准测量中不得超过 3 mm，四等水准测量不得超过 5 mm。式中，0.100 为单、双号两根水准尺红面底部注记之差，以米为单位。平均高差：

$$(18)=\frac{1}{2}\{(15)+[(16)\pm0.100]\}$$

（2）记录手簿每页应进行的计算与检核：

a. 视距计算检核。后视距离总和减前视距离总和应等于末站视距累积差，即

$$\sum(9)-\sum(10)=末站(12)$$

检核无误后，算出总视距为：

$$总视距 = \sum (9) + \sum (10)$$

b. 高差计算检核。红、黑面后视总和减红、黑面前视总和应等于红、黑面高差总和,还应等于平均高差总和的两倍。

对于测站数为偶数:

$$\sum [(3) + (8)] - \sum [(6) + (7)] = \sum [(15) + (16)] = 2\sum (18)$$

对于测站数为奇数:

$$\sum [(3) + (8)] - \sum [(6) + (7)] = \sum [(15) + (16)] = 2\sum (18) \pm 0.100$$

(3)水准路线成果的整理计算。外业成果经验核无误后,按水准测量成果计算的方法,经高差闭合差的调整后,计算各水准点的高程。

(二)三角高程控制测量

三角高程测量的观测与计算如下:

(1)测站上安置仪器,量仪器高 i 和标杆或棱镜高度 v,读数至毫米。

(2)用全站仪观测高差。

(3)用视高法计算高程。

(4)利用高差计算路线高差闭合差,符合闭合差限值规定时,进行高差闭合差调整计算,推算出各点的高程。

五、注意事项

(1)正确使用仪器各部分螺旋,应注意对螺旋不能用力强拧,以防损坏。

(2)读数前必须消除视差,注意水准尺上标记与刻划的对应关系,避免读数发生错误。

(3)如使用尺垫,注意在已知点 A 和待定点 B 上不能放置尺垫,但在松软的转点上必须使用尺垫,在仪器迁站时,前视点的尺垫不能移动。

(4)弄清每一个测站的前视点、后视点、前视读数、后视读数、转点的概念,不要混淆。

(5)分清测量路线、测段、测站的概念。

(6)测量记录要认真,计算要精确,一旦有错将会影响后面的所有测量,造成后面全部结果出现错误。

(7)搞清楚已知水准点位置只有后视读数,待测点只有前视读数,转点上既有后视读数又有前视读数。

(8)各测站的视线高度不一样,也就是视线高程不一样。

六、高程控制测量实训报告

(一)实训任务书

课 程 名 称		项 目 六	控 制 测 量
实训十三	高程控制测量	建议学时	4

续表

班　级		学生姓名		工作日期	
实训目标	（1）掌握闭合水准测量的观测程序,掌握闭合水准测量的记录和检核的方法; （2）掌握闭合水准测量的计算方法,能够进行水准测量的闭合差调整,掌握推求待定点高程的方法; （3）学会利用全站仪进行三角高程控制测量				
实训内容	利用自动安平水准仪完成三、四等闭合水准路线测量工作,从起始水准点 BM_1（其位置确定,高程已知）出发（见图6.3）,按照指定线路进行测量预先设置的 SD_1、SD_2、SD_3 水准点高程,最后返回到起始水准点 BM_1;完成必要记录和计算,并求出高差闭合差;进行闭合差分配,求出各待测水准点高程。然后,再利用全站仪进行三角高程控制测量				
安全与文明要求	学生听从指导教师的安排及指挥,不在测量作业面上相互打闹;保护好测量仪器及工具;遵守测量实训须知的安全与文明要求;主动保护模拟施工场地上的各种测量标记,发现标记移动或损毁后要第一时间上报指导教师				
提交成果	实训报告				
对学生的要求	（1）具备工程识图与绘图的基础知识; （2）具备工程构造的知识; （3）具备几何方面和高程测量的基础知识; （4）具备一定的实践动手能力、自学能力、数据计算能力、一定的沟通协调能力、语言表达能力和团队意识; （5）严格遵守课堂纪律,不迟到、不早退;学习态度认真、端正; （6）每位同学必须积极参与小组讨论; （7）完成"高程控制测量"实训报告				
考核评价	评价内容:仪器操作正确性和工作效率评价;测量数据的正确性、完整性评价;完成报告的完整性评价;安全文明和合作性评价等; 评价方式:由学生自评(自述、评价,占10%)、小组评价(分组讨论、评价,占20%)、教师评价(根据学生学习态度、工作报告及现场抽查知识或技能进行评价,占70%)构成该同学该实训的成绩				

（二）实训准备工作

课程名称		项　目　六	控　制　测　量
实训十三	高程控制测量	建议学时	4
班　级	学生姓名	工作日期	
场地准备描述			

仪器设备准备描述	
工具材料准备描述	
知识准备描述	

（三）实训记录

1. 三、四等水准测量（双面尺法）

测站	点号	后尺 下丝 / 上丝	前尺 下丝 / 上丝	方向及尺号	水准尺读数/m		K+黑－红/mm	平均高差/m	备注
		后视距	前视距		黑面	红面			
		视距差 d/m	视距差之和 $\sum d$/m						
1	$BM_1 - TP_1$								
									K 为尺常数 $K_5 = 4.787$ $K_6 = 4.687$
...	...	...	...	...	...	...	...	...	

闭合水准路线平差计算表

点 号	距离/km	实测高差/m	改正值/mm	改正后高差/m	高程/m	备 注
BM$_1$					50	已知
SD$_1$						待定点
SD$_2$						待定点
SD$_3$						待定点
BM$_1$						
$\sum$						
辅助计算	$f_h =$ $-f_h / \sum L =$ $f_{允} = \pm 40 \sqrt{\sum L} =$					

2. 全站仪三角高程控制测量

全站仪三角高程控制测量记录表（全站仪视高法）

测 站	测量方向	点号	距离/m	实测高差/m	棱镜高/m	视线高程/m	高程/m	测站距离/m
合计								

全站仪闭合水准路线平差计算表

点 号	距离/km	实测高差/m	改正值/mm	改正后高差/m	高程/m	备 注
BM₁					50	已知
SD₁						待定点
SD₂						待定点
SD₃						待定点
BM₁						
∑						
辅助计算	$f_h =$ $-f_h / \sum L =$ $f_允 = \pm 40 \sqrt{\sum L} =$					

(四)考核评价表

考核项目	考核内容及要求	分值	学生自评 (10%)	小组评分 (20%)	教师评分 (70%)	实 得 分
准备工作 (20分)	准备工作完整性	10				
	实训步骤内容描述	8				
	知识掌握完整程度	2				
工作过程 (45分)	测量数据正确性、完整性	10				
	测量精度评价	5				
	报告完整性	30				
基本操作 (10分)	操作程序正确	5				
	操作符合限差要求	5				
安全文明 (10分)	叙述工作过程应注意的安全事项	5				
	工具正确使用和保养、放置规范	5				
完成时间 (5分)	能够在要求的 90 min 内完成,每超时 5 min 扣 1 分	5				
合作性 (10分)	独立完成任务得满分	10				
	在组内成员帮助下得6分					
总分(∑)		100				

项目七　桥梁结构物平面定位放样

实训十四　桩基础平面定位放样

一、实训目标

（1）能够学会利用点的平面位置测设的方法（直角坐标法、极坐标法、角度交会法和距离交会法）放样桩位中心。

（2）能够现场放出桩基础的外部轮廓，掌握放样的目的。

（3）能够熟练地用全站仪放样点位进行校核。

二、实训准备与要求

（一）实训准备

1. 场地条件

准备光线充足的室内或室外场地，无雨天的室外是最好的，场地长宽至少 10 m。可以选择宽阔的广场或路边人行道上进行操作练习。

2. 设备条件

使用 DJ$_2$ 光学经纬仪一套主测，测角精度为 2″，要求状态良好，无部件损坏情况；与仪器配套的支架要求架头牢固，架腿伸缩自如，螺钉应固紧，架身无晃动，架腿支好后无滑动现象。另外，每组配备一套全站仪进行校核放样点位使用。

3. 工具及材料条件

准备 30 m 钢尺 1 把，5 m 小卷尺 1 把，立点定向的标杆（红白 20 cm 相间标示）一根，画点用记号笔或白板笔。

（二）教师准备

提前布置实训任务，让学生预习有关知识；按照预先的每 5 人分组，准备好实训材料和工具，制定好实训程序和步骤，指导学生进行实训活动。

（三）学生准备

做好知识的预习与储备，掌握点的平面位置的测设方法；提前分析放样桩基础中心的工作程序,严格遵照实训指导书的操作要求和注意事项,按照组内分工积极参与实训活动。

(四)安全与文明要求

学生听从指导教师的安排及指挥,不在测量作业面上相互打闹;保护好测量仪器及工具;遵守测量实训须知的安全与文明要求;主动保护模拟施工场地上的各种测量标记,发现标记移动或损毁后要第一时间上报指导教师。

(五)参考资料

《工程测量规范》《测量员岗位工作技术标准》《公路工程施工技术规范》《土建工程测量》等。

三、实训内容

实训场地内有已知控制点 A_1、B_1,需要放样的桩基础编号为 1 号桩点,桩基础的直径为 1.5 m,各点位坐标根据现场布置情况确定。要求各组使用直角坐标法、极坐标法、角度交会法和距离交会法分别进行放样 1 号基础中心,并放出基础轮廓边线。

四、实训步骤和方法

点的平面位置测设方法有直角坐标法、极坐标法、角度交会法和距离交会法等。可根据施工控制网的布设形式、控制点的分布情况、地形条件、放样精度要求,以及施工现场条件等合理选用适当的测设方法。

(一)直角坐标法

当施工场地布设有坐标控制点,如量距比较方便时可采用此法。测设时,先根据图纸上的坐标数据和几何关系计算测设数据,然后利用仪器工具实地设置点位。

现以图 7.1 为例说明具体方法。图中 OB 为与 OA 是根据已知控制点位设置的相互垂直的主轴线,现场需要根据控制点情况布置 OA 或 OB 坐标轴方向(方法有二:其一是方位角旋转法,即需要计算已知控制点坐标方位角,根据方便情况旋转成水平或竖直坐标方向;其二是坐标改值法,改变某一已知控制点的纵横之一坐标与另一已知控制点相对应坐标相同成一新的坐标点,然后再放样该坐标找到它的位置后与另一未变的控制点连线即成水平或竖直坐标方向线)。下面根据设计图上给定的桥梁桩基础为群桩(1、2、3、4 号)坐标,用直角坐标法测设 1、2、3、4 各点的位置。

1. 计算测设数据

图 7.1 中,桥梁桩基础为群桩(1、2、3、4 号),根据 1、3 两点的坐标可以算得建筑物的长度为 $y_3 - y_1 = 5.000$ m,宽度为 $x_1 - x_3 = 5.000$ m。过 4、3 分别作 OA 的垂线得 a、b,由图可得 $OA = 40.000$ m,$OB = 45.000$ m,$AB = 5.000$ m。

2. 实地测设点位

(1)安置经纬仪于 O 点,瞄准 A,按距离测设方法由 O 点沿视线方向测设 OA 距离 40 m,

定出 a 点,继续向前测设 5 m,定出 b 点。

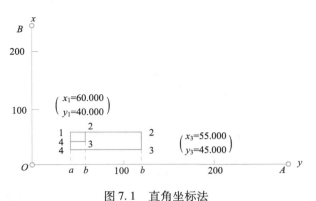

图 7.1 直角坐标法

(2)安置经纬仪于 a 点,瞄准 A 水平度盘置零,盘左、盘右取中法逆时针方向测设直角 90°,由 a 点起沿视线方向测设距离 55 m,定出 4 点,再向前测设 5 m,即可定出 1 点的平面位置。

(3)安置经纬仪于 b 点,瞄准 A,方法同上定出 3 和 2 两点的平面位置。

(4)测量 1—2 和 3—4 之间的距离,检查它们是否等于设计长度 5 m,较差在规定的范围内,测设合格。一般规定相对误差不应超过 1/2 000 ~ 1/5 000。

(二)极坐标法

极坐标法是根据一个角度和一段距离测设点的平面位置。具备全站仪时,利用该方法测设点位具有很大的优越性。若采用经纬仪、钢尺测设,一般要求测设距离应较短,且便于量距的情况。现以图 7.2 为例说明极坐标法测设点位的基本原理。

图 7.2 中,A、B 为地面上的已知控制点,已知坐标分别为 x_A、y_A 和 x_B、y_B,P 点为待测建筑物的特征点,其设计坐标为(x_P、y_P)。下面以 A、B 两点测设 P 点为例介绍极坐标测设步骤。

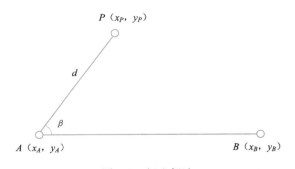

图 7.2 极坐标法

1. 计算测设数据

测设前,先根据已知点的坐标和待设点的坐标反算水平距离 d 和方位角,然后再根据方位角求出水平角 β,水平角 β 和距离 d 是极坐标法的测设数据。其计算公式为:

$$\alpha_{AB} = \arctan \frac{y_B - y_A}{x_B - x_A}$$

$$\alpha_{AP} = \arctan \frac{y_P - y_A}{x_P - x_A}$$

$$\beta = \alpha_{AB} - \alpha_{AP}$$

$$d_{AP} = \sqrt{(x_P - x_A)^2 + (y_P - y_P)^2}$$

2. 点位测设

实地测设时,可将经纬仪安置在 A 点,对中整平后,瞄准 B 点,水平度盘置零,逆时针方向测设 β 角,并在此方向上自 A 点测设 d_{AP} 长度,标定 P 点的位置。为确保精度,待其他各点全部测设完毕后,然后用其他点与 P 点的数据关系进行校核。

若采用全站仪测设,不受地形条件的限制,测设距离可较长。尤其是全站仪既能测角又能测距,且内部固化有计算程序,可直接进行坐标放样。所以,应用极坐标法能极大地发挥全站仪的功能。

(三)角度交会法

角度交会法适用于待测设点位离控制点较远或不便于量距的情况下。它是通过测设两个或多个已知角度,交会出待定点的平面位置,这种方法又称为方向交会法。

如图 7.3 所示,A、B、C 为坐标已知的平面控制点,P 为待测设点,其设计坐标为 $P(x_P$、$y_P)$,现根据 A、B、C 三点测设 P 点。

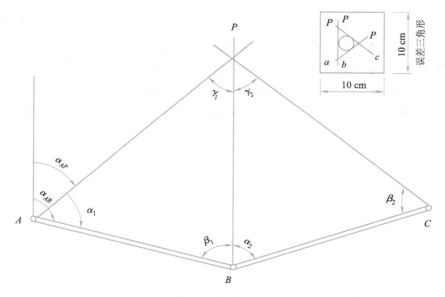

图 7.3　角度交会法

1. 计算测设数据

测设时,应先根据坐标反算公式分别计算出 α_{AB}、α_{AP}、α_{BP}、α_{CP}、α_{CB},然后计算测设数据 α_1、β_1、β_2。

2. 实地测设点位

方法是在 A、B 两个控制点上安置经纬仪,分别测设出相应的 β 角,但应注意实地测设时的后视已知点应与计算时所选用的后视方向相同。当测设精度要求较低时,可用标杆作为照准目标,通过两个观测者指挥把标杆移到待定点的位置。当精度要求较高时,先在 P 点处打下一个大木桩;并由观测员指挥,在木桩上依 AP、BP 绘出方向线及其交点 P。然后在控制点 C 上安置经纬仪,同样可测设出 CP 方向。若交会没有误差,此方向应通过前两方向线的交点,否则将形成一个"误差三角形",如图 7.3 所示。"误差三角形"的最大边长的限差视测设精度要求而定。例如,精密放样精度要求"误差三角形"的最大边长不超过 1 cm,若符合限差要求,取三角形的重心作为待定点 P 的最终位置。若误差超限,应重新交会。为提高交会精度,测设时交会角 γ_1、γ_2 宜在 30°~150°之间。

(四)距离交会法

距离交会法是由两个控制点测设两段已知距离交出点的平面位置的方法。在施工场地平坦,量距方便且控制点离测设点不超过一尺段时采用此法较为适宜。

如图 7.4 所示,A、B、C 为已知平面控制点,1、2 为待测设点。首先,由控制点 A、B、C 和待设点 1、2 的坐标反算出测设数据 d_1、d_2、d_3、d_4。然后,分别从 A、B、C 点用钢尺测设已知距离 d_1、d_2 和 d_3、d_4。测设时,同时使用两把钢尺,由 A、B 测设长度 d_1、d_2 的交会定出 1 点;同样由 B、C 测设长度 d_3、d_4 可交会定出 2 点。最后,应量取点 1 至点 2 的长度,与设计长度比较,以检核测设的准确性。这种方法所使用的工具简单,多用于施工中距离较近的细部点放样。

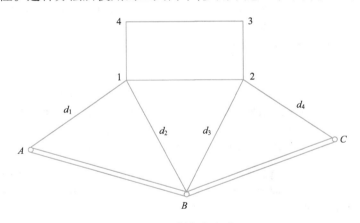

图 7.4　距离交会法

(五)坐标放样法校核及放出桩基轮廓

1. 坐标放样法校核

参考任务九全站仪测设内容及方法进行,要求误差小于 5 cm。

2. 放出桩基轮廓

根据桩基的直径为 1.5 m,用小卷尺的尺端点安放在放样出桩基础的中心桩位上,打开卷尺找到 0.75 m 的刻画配合画笔,采用直线拉线法以中心桩位为圆心画圆弧,得到的圆即为桩基础外部轮廓线。

其中,桩基础中心桩位是钻孔机械钻孔施工时的对中位置,桩基础外部轮廓线是钻孔是设置桩顶部加强护筒的参考线。

五、注意事项

(1)安置仪器时,脚架要稳固,脚架的固定螺旋应拧紧(注意松紧的方向,勿乱拧),中心螺旋也要适当拧紧。

(2)观测时,立在点位上的花杆应尽量竖直,尽可能用十字丝交点瞄准花杆根部,最好能瞄准桩心的点位。

(3)要求对中误差小于 1 mm,整平误差管气泡要求小于一格。

(4)放样桩位画点时使用十字交叉线,交点即为桩位。

六、桩基础平面定位放样实训报告

(一)实训任务书

课 程 名 称			项 目 七	桥梁结构物平面定位放样
实训十四	桩基础平面定位放样		建议学时	4
班 级		学生姓名	工作日期	
实训目标	(1)能够学会利用点的平面位置测设的方法(直角坐标法、极坐标法、角度交会法和距离交会法)放样桩位中心; (2)能够现场放出桩基础的外部轮廓,掌握放样的目的; (3)能够熟练地用全站仪放样点位进行校核			
实训内容	实训场地内有已知控制点 A_1、B_1,需要放样的桩基础编号为 1 号桩点,桩基础的直径为 1.5 m,其中已知控制点坐标为:A1(4526058.465,579325.102)、B1(4526028.465,579325.102)待放样点坐标 1(4526052.621,579333.257)。要求各组使用直角坐标法、极坐标法、角度交会法和距离交会法分别进行 1 号基础中心放样,并放出基础轮廓边线			
安全与文明要求	学生听从指导教师的安排及指挥,不在测量作业面上相互打闹;保护好测量仪器及工具;遵守测量实训须知的安全与文明要求;主动保护模拟施工场地上的各种测量标记,发现标记移动或损毁后要第一时间上报指导教师			
提交成果	实训报告			
对学生的要求	(1)具备路桥工程识图与绘图的基础知识; (2)具备路桥工程构造的知识; (3)具备几何方面和点平面定位的基础知识; (4)具备一定的实践动手能力、自学能力、数据计算能力、一定的沟通协调能力、语言表达能力和团队意识; (5)严格遵守课堂纪律,不迟到、不早退;学习态度认真、端正; (6)每位同学必须积极参与小组讨论; (7)完成"桩基础平面定位放样"实训报告			

续表

考核评价	评价内容：仪器操作正确性和工作效率评价；测量数据的正确性、完整性评价；完成报告的完整性评价；安全文明和合作性评价等； 评价方式：由学生自评（自述、评价，占10%）、小组评价（分组讨论、评价，占20%）、教师评价（根据学生学习态度、工作报告及现场抽查知识或技能进行评价，占70%）构成该同学该实训的成绩

（二）实训准备工作

课 程 名 称		项 目 七	桥梁结构物平面定位放样
实训十四	桩基础平面定位放样	建议学时	4
班 级	学生姓名	工作日期	
场地准备描述			
仪器设备准备描述			
工具材料准备描述			
知识准备描述			

（三）实训记录

1. 直角坐标法

（1）设计测设方案：

_____

_____

_____

（2）测设精度检查：

1号桩点的放样误差是_____ m。

2. 极坐标法

（1）设计测设方案：

_____

_____

_____

待测点号	计算测设数据			
	α_{BA}	α_{Bi}	$\beta_{Ai} = \alpha_{Bi} - \alpha_{BA}$	d_{Bi}
1				

（2）测设精度检查：

1 号桩点的放样误差是_____ m。

3. 角度交会法【加一控制点 C_1（4526028.465，579335.102）】

（1）设计测设方案：

待测点号	计算测设数据		
	α_{1AB}	β_{1BA}	β_{1CB}
1			

（2）测设精度检查。

1 号桩点的放样误差是_____ m。

4. 距离交会法

（1）设计测设方案：

_____

_____

_____

_____

待测点号	计算测设数据	
	d_{A1}	d_{B1}
1		

（2）测设精度检查。

1 号桩点的放样误差是_____ m。

（四）考核评价表

考核项目	考核内容及要求	分值	学生自评（10%）	小组评分（20%）	教师评分（70%）	实 得 分
准备工作（20分）	准备工作完整性	10				
	实训步骤内容描述	8				
	知识掌握完整程度	2				
工作过程（45分）	测量数据正确性、完整性	10				
	测量精度评价	5				
	报告完整性	30				
基本操作（10分）	操作程序正确	5				
	操作符合限差要求	5				

考核项目	考核内容及要求	分值	学生自评（10%）	小组评分（20%）	教师评分（70%）	实 得 分
安全文明（10分）	叙述工作过程应注意的安全事项	5				
	工具正确使用和保养、放置规范	5				
完成时间（5分）	能够在要求的 90 min 内完成，每超时 5 min 扣 1 分	5				
合作性（10分）	独立完成任务得满分	10				
	在组内成员帮助下得 6 分					
总分（∑）		100				

实训十五　承台平面细部放样

一、实训目标

（1）能够掌握承台细部放样的理念和工作方法。
（2）能够现场放出承台的外部轮廓线。

二、实训准备与要求

（一）实训准备

1. 场地条件

准备光线充足的室内或室外场地，无雨天的室外是最好的，场地长宽至少 10 m。可以选择宽阔的广场上进行操作练习。

2. 设备条件

使用 DJ$_2$ 光学经纬仪一套主测，测角精度为 2″，要求状态良好，无部件损坏情况；与仪器配套的支架要求架头牢固，架腿伸缩自如，螺钉应固紧，架身无晃动，架腿支好后无滑动现象。另外，每组配备一套全站仪进行校核放样点位使用。

3. 工具及材料条件

准备 30 m 钢尺 1 把，5 m 小卷尺 1 把，钢钉、白线绳若干，铁锤 1 把，立点定向的标杆（红白 20 cm 相间标示）一根，画点用记号笔或白板笔。

（二）教师准备

提前布置实训任务，让学生预习有关知识；按照预先的每 5 人分组，准备好实训材料和工具，制定好实训程序和步骤，指导学生进行实训活动。

（三）学生准备

做好知识的预习与储备,熟练掌握点的平面位置的测设方法;提前分析承台细部放样的工作程序,严格遵照实训指导书的操作要求和注意事项,按照组内分工积极参与实训活动。

（四）安全与文明要求

学生听从指导教师的安排及指挥,不在测量作业面上相互打闹;保护好测量仪器及工具;遵守测量实训须知的安全与文明要求;主动保护模拟施工场地上的各种测量标记,发现标记移动或损毁后要第一时间上报指导教师。

（五）参考资料

《工程测量规范》《测量员岗位工作技术标准》《公路工程施工技术规范》《土建工程测量》等。

三、实训内容

实训场地内有已知承台为长 l 宽 b 的矩形,其纵轴线控制点 A、B,如图7.5所示。试选择适当的方法放出承台细部轮廓边线。

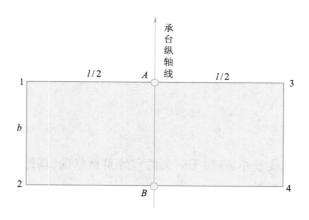

图7.5　承台平面图

四、实训步骤和方法

可以考虑直角坐标法、极坐标法、角度交会法和距离交会法进行承台平面细部放样。下面仅以直角坐标法介绍,实训时学生可自由选择方法。

（1）安置经纬仪于 A 点,瞄准 B,用盘左盘右分中法顺时针测设角度90°,同时测设水平距离 $l/2$,定出1点。再次瞄准1点,倒镜测设水平距离 $l/2$,定出3点。

（2）安置经纬仪于 B 点,瞄准 A,用盘左盘右分中法顺时针测设角度90°,同时测设水平距离 $l/2$,定出4点。再次瞄准4点,倒镜测设水平距离 $l/2$,定出2点。

（3）测量 1—2 和 3—4 之间的距离,检查它们是否等于设计长度 b,较差在规定的范围内,测设合格。一般规定相对误差不应超过 1/2 000。

五、注意事项

（1）安置仪器时,脚架要稳固,脚架的固定螺旋应拧紧(注意松紧的方向,勿乱拧),中心螺旋也要适当拧紧。

（2）观测时,立在点位上的花杆应尽量竖直,尽可能用十字丝交点瞄准花杆根部,最好能瞄准桩心的点位。

（3）要求对中误差小于 1 mm,整平误差管气泡要求小于一格。

（4）放样桩位画点时使用十字交叉线,交点即为桩位。

六、承台平面细部放样实训报告

（一）实训任务书

课程名称			项　目　七	桥梁结构物平面定位放样
实训十五		承台平面细部放样	建议学时	2
班　　级		学生姓名	工作日期	
实训目标	（1）能够掌握承台细部放样的理念和工作方法; （2）能够现场放出承台的外部轮廓线			
实训内容	实训场地内有已知承台为长 l 宽 b 的矩形,其纵轴线控制点 A、B,如图 7.5 所示,试选择适当的方法放出承台细部轮廓边线。其中 $l = 20$ m, $b = 10$ m。 			
安全与文明要求	学生听从指导教师的安排及指挥,不在测量作业面上相互打闹;保护好测量仪器及工具;遵守测量实训须知的安全与文明要求;主动保护模拟施工场地上的各种测量标记,发现标记移动或损毁后要第一时间上报指导教师			
提交成果	实训报告			
对学生的要求	（1）具备路桥工程识图与绘图的基础知识; （2）具备路桥工程构造的知识; （3）具备几何方面的基础知识;			

续表

对学生的要求	（4）具备一定的实践动手能力、自学能力、数据计算能力、一定的沟通协调能力、语言表达能力和团队意识； （5）严格遵守课堂纪律，不迟到、不早退；学习态度认真、端正； （6）每位同学必须积极参与小组讨论； （7）完成"桩基础平面定位放样"实训报告
考核评价	评价内容：仪器操作正确性和工作效率评价；测量数据的正确性、完整性评价；完成报告的完整性评价；安全文明和合作性评价等； 评价方式：由学生自评（自述、评价，占10%）、小组评价（分组讨论、评价，占20%）、教师评价（根据学生学习态度、工作报告及现场抽查知识或技能进行评价，占70%）构成该同学该实训成绩

（二）实训准备工作

课 程 名 称			项 目 七	桥梁结构物平面定位放样
实训十五		承台平面细部放样	建议学时	2
班 级		学生姓名	工作日期	
场地准备描述				
仪器设备准备描述				
工具材料准备描述				
知识准备描述				

（三）实训记录

回答如下问题

（1）直角坐标法测设精度检查：

测量1—2边长的相对误差是_____。

测量3—4边长的相对误差是_____。

（2）选择其他设计测设方案：

①测设数据的计算：

_____

_____

②测设过程描述：

（3）本次实训如果现场没有经纬仪等测设仪器，只有 30 m 钢尺、5 m 小卷尺、钢钉、白线绳等工具、材料，如何进行承台细部放样？

（四）考核评价表

考核项目	考核内容及要求	分值	学生自评（10%）	小组评分（20%）	教师评分（70%）	实得分
准备工作（20分）	准备工作完整性	10				
	实训步骤内容描述	8				
	知识掌握完整程度	2				
工作过程（45分）	测量数据正确性、完整性	10				
	测量精度评价	5				
	报告完整性	30				
基本操作（10分）	操作程序正确	5				
	操作符合限差要求	5				
安全文明（10分）	叙述工作过程应注意的安全事项	5				
	工具正确使用和保养、放置规范	5				
完成时间（5分）	能够在要求的 90 min 内完成，每超时 5 min 扣 1 分	5				
合作性（10分）	独立完成任务得满分	10				
	在组内成员帮助下得 6 分					
	总分（$\sum$）	100				

项目八　道　路　测　量

实训十六　道路中线放样

一、实训目标

(1)掌握自由导线控制点和顺路导线控制点的含义及关系。
(2)掌握道路中线直线段放样的方法。
(3)能够完成道路中线曲线段放样工作。
(4)能够熟练使用全站仪完成曲线细部放样(切线支距法、偏角法及坐标放样法)。

二、实训准备与要求

(一)实训准备

1. 场地条件
无雨天的室外是最好的,可以选择宽阔的广场进行操作练习。
2. 设备条件
每组配备一套全站仪,测角精度为2″,要求状态良好,无部件损坏情况;与仪器配套的支架要求架头牢固,架腿伸缩自如,螺钉应固紧,架身无晃动,架腿支好后无滑动现象。
3. 工具及材料条件
准备5 m小卷尺1把,立点定向的标杆(红白20 cm相间标示)一根,画点用记号笔或白板笔。

(二)教师准备

提前布置实训任务,让学生预习有关知识;按照预先的每5人分组,准备好实训材料和工具,制定好实训程序和步骤,指导学生进行实训活动。

(三)学生准备

做好知识的预习与储备,掌握道路中桩放样的方法;提前分析中桩放样的工作程序,严格遵照实训指导书的操作要求和注意事项,按照组内分工积极参与实训活动。

(四)安全与文明要求

学生听从指导教师的安排及指挥,不在测量作业面上相互打闹;保护好测量仪器及工具;

遵守测量实训须知的安全与文明要求;主动保护模拟施工场地上的各种测量标记,发现标记移动或损毁后要第一时间上报指导教师。

（五）参考资料

《工程测量规范》《测量员岗位工作技术标准》《公路工程施工技术规范》《土建工程测量》等。

三、实训内容

实训场地内有已知自由导线控制点 A、B,其坐标为 $X_A = 6\,058.133$,$Y_A = 9\,343.276$,$X_B = 6\,035.465$,$Y_B = 9\,338.863$,另有一段道路,其顺路导线控制点已知数据如下:

(1)路线起点桩号 K0+000,坐标为 $X = 6\,053.133$,$Y = 9\,333.215$。

(2)ZY 点 K0+040,坐标为 $X = 6\,021.613$,$Y = 9\,308.589$。

(3)路线终点的桩号为 K0+150。

(4)圆曲线要素:

圆曲线半径 $R = 50.000$ m,转角为 $48°21'5.00''$(左),路线的方位角为 $218°$。

要求完成直线段 20 m 桩距的中桩测设,曲线段 10 m 桩距的中桩测设。

四、实训步骤和方法

（一）用导线控制点测设中线

用导线控制点测设中线,实质上就是根据导线点坐标与公路中线坐标之间的关系,借以高精度的测距手段,利用全站仪坐标放样法将公路中线放到实地。因此,也可称之为"坐标法"。具体操作参考项目四实训九全站仪测设内容。目前,国内开发了若干计算软件可以快速完成公路工程坐标的计算,使用非常方便。另外,测量工程人员也可以利用 Excel 软件根据自己的需要进行编程,快速计算所需要完成路段的坐标。手算法计算道路中线逐桩坐标可参考《路桥工程测量技术》教材。软件计算实训项目路线中桩坐标的步骤如下:

(1)路线起点至 ZY 点直线段中桩坐标。

(2)ZY 点至 YZ 点圆曲线中桩坐标。

(3)YZ 点至路线终点中桩坐标。

（二）利用顺路导线控制点测设中线

利用全站仪坐标放样功能,根据实训场地内有已知自由导线控制点 A、B,放样给定的顺路导线控制点 QD 和 ZY 点。具体操作参考项目四实训九全站仪测设内容。具体测设过程如下:

1. 路线起点至 ZY 点直线段中桩放样

在路线起点建站,对中整平全站仪,瞄准 ZY 点,制动该方向,按照距离放样的方法依次测设 20 m 水平距离定桩即为直线桩点。

2. 圆曲线的主点测设

圆曲线的测设一般分为两步:第一步,根据圆曲线的测设元素,测设曲线的主点,即曲线的起点(直圆点 ZY)、曲线的中点(曲中点 QZ)和曲线的终点(圆直点 YZ);第二步,根据主点按规定的桩距进行加密测设,详细标定圆曲线的形状和位置,即进行圆曲线细部点的测设。

（1）计算曲线测设元素。圆曲线测设中,T、L、E、D 一般是以 R 和 α 为因数计算,如图 8.1 所示关系,也可直接从有关"曲线测设用表"中查得。

切线长：
$$T = R \cdot \tan \frac{\alpha}{2}$$

曲线长：
$$L = R \cdot \alpha \frac{\pi}{180°}$$

外矢距：
$$E = R\left(\sec \frac{\alpha}{2} - 1 \right)$$

切曲差：
$$D = 2T - L$$

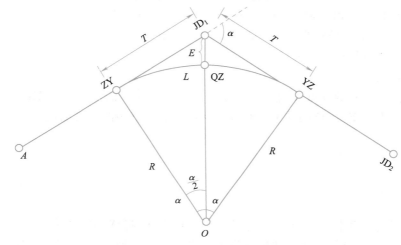

图 8.1　圆曲线测设元素

（2）推算主点里程桩号。为表示桩点至路线起点的距离,在道路工程中还需要根据交点 JD 的里程和以上曲线元素计算圆曲线主点的里程(桩号)。

$$ZY\ 里程 = JD\ 里程 - T$$
$$YZ\ 里程 = ZY\ 里程 + L$$
$$QZ\ 里程 = YZ\ 里程 - L/2$$
$$JD\ 里程 = QZ\ 里程 + D/2$$

在上式的最后一步,若计算出的交点 JD 里程与实际相同,说明计算无误。

（3）圆曲线主点测设。置全站仪于 JD 上,望远镜照准后一方向线的交点、转点或 ZY 点,测设切线长 T,得曲线起点 ZY,插一测钎。设置终点 YZ 时,将望远镜拨角$(180° - \alpha)$,测设切线长 T,得曲线终点,打下 YZ 桩。最后沿$(180° - \alpha)$角的分角线方向测设 E 值得曲线中点,打下 QZ 桩。

3. 圆曲线细部点测设

圆曲线的主点测设只标出了起点、中点、终点 3 个主点,显然,仅这 3 个点还不能详细地表达曲线的形状与位置。所以,在圆曲线的主点设置后,还需按规定桩距进行圆曲线的细部点位置的测设,这项工作称细部点测设或详细测设。细部点测设所采用的桩距 l_0 与曲线半径大小

有关,一般有如下规定:

(1) $R \geqslant 100$ m 时, $l_0 = 20$ m。

(2) 25 m $< R <$ 100 m 时, $l_0 = 10$ m。

(3) $R \leqslant 25$ m 时, $l_0 = 5$ m。

按桩距 l_0 在曲线上设里程桩号,通常有以下两种方法:

(1) 整桩号法:将曲线上靠近起点 ZY 的第一个桩的桩号凑整成为 l_0 倍数的整桩号,然后按桩距 l_0 连续向曲线终点 YZ 设桩。这种方法排桩号,细部桩的里程桩号均为整桩号。

(2) 整桩距法:从曲线起点 ZY 和终点 YZ 开始,分别以桩距 l_0 连续向曲线中点 QZ 设桩。这种方法,细部桩的里程桩号均为非整桩号。

通过确定细部点的桩距和排桩号,可以知道圆曲线上细部桩的数量和里程。细部测设的方法很多,有切线支距法、偏角法和极坐标法,另外还有坐标放样法,道路工程中常用的是切线支距法和偏角法。坐标放样法在前面均有叙述,分为独立直角坐标和高斯平面直角坐标,其中独立直角坐标可以采用切线支距坐标进行放样。

(1) 切线支距法:即直角坐标定点(见图8.2),它分别以曲线的起点、终点为坐标原点,以切线为 x 轴,过原点的半径为 y 轴建立起直角坐标系,利用曲线上各细部点的坐标 x(横距), y(纵距)来设置各桩点,测设时分别从曲线的起点和终点向曲线中点施测。

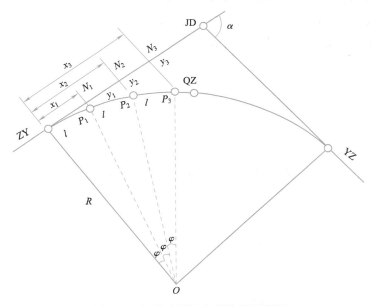

图8.2 切线支距法细部放样示意图

① 细部测设数据的计算:如图8.2所示,设 l_i 为细部点 P_i 至原点间的弧长, φ_i 为 l_i 对应的圆心角, R 为曲线半径。当由 P_i 向切线作垂线时,得各垂足 N_i,由图可知,细部点在坐标系中的坐标计算公式为:

$$x_i = R\sin\varphi_i$$
$$y_i = R(1 - \cos\varphi_i)$$

式中: $\varphi_i = \dfrac{l_i}{R} \cdot \dfrac{180}{\pi}$ ($i = 1, 2, 3, 4, \cdots$)。

实际测设计算时,x、y值可根据弧长l_i、半径R逐点按上式计算,也可根据l_i、R为引数从"曲线测设用表"中查得。

②细部点测设方法:

a. 在ZY点安置经纬仪,瞄准JD定出切线方向。沿其视线方向丈量横坐标值x_1、x_2得各垂足N_1、N_2等。

b. 在N_i点用方向架或经纬仪定出直角方向,沿其方向丈量纵坐标值y_i,即从点N_1沿直角方向丈量y_1得P_1,从N_2沿直角方向丈量y_2得P_2,依此类推,直到曲线中点QZ。

c. 对于另一半曲线,由YZ点测设,可根据由YZ至QZ点计算的坐标数据,按上述的方法进行测设。

d. 曲线辅点测设完成后,要量取曲线中点至最近的辅点间距离及各桩点间的桩距,比较较差是否在限差之内,若较差超限,应查明原因,予以纠正。

切线支距法适用于地势平坦的地区,具有桩点误差不累积、测法简单等优点,因而应用比较广泛。

(2)偏角法:偏角法是以曲线起点(ZY)或终点(YZ)至曲线上待测设点P_i的弦线与切线之间的弦切角(这里称为偏角)δ和弦长d来确定P点的位置。

①测设数据的计算:如图8.3所示,根据几何原理,偏角δ_i等于相应弧长所对的圆心角φ_i的一半,即$\delta_i = \varphi_i/2$。里程桩整桩的桩距(弧长)为l,首尾两段零头弧长为l_1、l_2,l_1、l_2、l所对应的圆心角分别为φ_1、φ_2、φ,可按下列公式计算

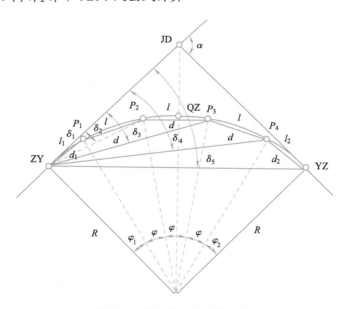

图8.3　偏角法细部放样示意

$$\varphi_1 = \frac{180°}{\pi} \cdot \frac{l_1}{R}$$

$$\varphi_2 = \frac{180°}{\pi} \cdot \frac{l_2}{R}$$

$$\varphi = \frac{180°}{\pi} \cdot \frac{l}{R}$$

弧长 l_1、l_2、l 所对应的弦长分别为 d_1、d_2 和 d,可按下列公式计算

$$d_1 = 2R \cdot \sin \frac{\varphi_1}{2}$$

$$d_2 = 2R \cdot \sin \frac{\varphi_2}{2}$$

$$d = 2R \cdot \sin \frac{\varphi}{2}$$

曲线上各点的偏角等于相应所对圆心角的一半,即

第 1 点的偏角为 $\qquad\qquad$ $\delta_1 = \dfrac{\varphi_1}{2}$

第 2 点的偏角为 $\qquad\qquad$ $\delta_2 = \dfrac{\varphi_1}{2} + \dfrac{\varphi}{2}$

…

第 i 点的偏角为 $\qquad\qquad$ $\delta_i = \dfrac{\varphi_1}{2} + (i-1)\dfrac{\varphi}{2}$

…

终点 YZ 点的偏角为 $\qquad\qquad$ $\delta_n = \dfrac{\alpha}{2}$

②测设方法:

a. 安置经纬仪(或全站仪)于曲线起点(ZY)上,盘左瞄准交点(JD),将水平度盘读数设置为 0°00′00″。

b. 水平转动照准部,使水平度盘读数的偏角值为 δ_1,然后,从 ZY 点开始,沿望远镜视线方向量测出弦长 d_1,定出曲线第一点桩位。

c. 继续水平转动照准部,使水平度盘读数的偏角值为 δ_2,沿望远镜视线方向量测出弦长 d_2,定出第二点桩位。依此类推,测设到曲线中间点里程桩,检查测设的质量,从而完成半个曲线的测设。

d. 安置经纬仪(或全站仪)于曲线终点(YZ)上,往回测设另外半个曲线。

4. YZ 点至路线终点直线段中桩放样

在 YZ 点建站,对中整平全站仪,瞄准 JD 点,制动该方向倒镜,按照距离放样的方法依次测设 20 m 水平距离定桩即为直线桩点测设至路线终点。

五、注意事项

(1)安置仪器时,脚架要稳固,脚架的固定螺旋应拧紧(注意松紧的方向,勿乱拧),中心螺旋也要适当拧紧。

(2)观测时,立在点位上的花杆应尽量竖直,尽可能用十字丝交点瞄准花杆根部,最好能瞄准桩心的点位。

(3)要求对中误差小于 1 mm,整平误差管气泡要求小于一格。

（4）放样桩位画点时使用十字交叉线，交点即为桩位。

六、道路中线放样实训报告

（一）实训任务书

课 程 名 称			项　目　八	道 路 测 量
实训十六		道路中线放样	建议学时	4
班　　级		学生姓名	工作日期	
实训目标		（1）掌握自由导线控制点和顺路导线控制点的含义及关系； （2）掌握道路中线直线段放样的方法； （3）能够完成道路中线曲线段放样工作； （4）能够熟练使用全站仪完成曲线细部放样（切线支距法、偏角法及坐标放样法）		
实训内容		实训场地内有已知自由导线控制点 A、B，其坐标为 $X_A = 6\,058.133$，$Y_A = 9\,343.276$，$X_B = 6\,035.465$，$Y_B = 9\,338.863$，另有一段道路，其顺路导线控制点已知数据如下： （1）路线起点桩号 K0 + 000，坐标为 $X = 6\,053.133$，$Y = 9\,333.215$； （2）ZY 点 K0 + 040，坐标为 $X = 6\,021.613$，$Y = 9\,308.589$； （3）路线终点的桩号为 K0 + 150； （4）圆曲线要素： 圆曲线半径 $R = 50.000$ m，转角为 $48°21'5.00''$（左），路线的方位角为 $218°$。 要求完成直线段 20 m 桩距的中桩测设，曲线段 10 m 桩距的中桩测设		
安全与文明要求		学生听从指导教师的安排及指挥，不在测量作业面上相互打闹；保护好测量仪器及工具；遵守测量实训须知的安全与文明要求；主动保护模拟施工场地上的各种测量标记，发现标记移动或损毁后要第一时间上报指导教师		
提交成果		实训报告		
对学生的要求		（1）具备路桥工程识图与绘图的基础知识； （2）具备路桥工程构造的知识； （3）具备全站仪、经纬仪使用的基础知识； （4）具备一定的实践动手能力、自学能力、数据计算能力、一定的沟通协调能力、语言表达能力和团队意识； （5）严格遵守课堂纪律，不迟到、不早退；学习态度认真、端正； （6）每位同学必须积极参与小组讨论； （7）完成"道路中线测量"实训报告		
考核评价		评价内容：仪器操作正确性和工作效率评价；测量数据的正确性、完整性评价；完成报告的完整性评价；安全文明和合作性评价等； 评价方式：由学生自评（自述、评价，占10%）、小组评价（分组讨论、评价，占20%）、教师评价（根据学生学习态度、工作报告及现场抽查知识或技能进行评价，占70%）构成该同学该实训成绩		

(二)实训准备工作

课 程 名 称			项 目 八	道 路 测 量
实训十六		道路中线放样	建议学时	4
班 级		学生姓名	工作日期	
场地准备描述				
仪器设备准备描述				
工具材料准备描述				
知识准备描述				

(三)实训记录

观测记录表

中桩记录表

序 号	里程桩号	$X(N)$	$Y(E)$	所属名称	备 注

注:所属名称是指中桩的具体名称,例如路线起点、终点、整桩号或曲线的起点、终点等,填写时每段只记录关键的起点和终点即可,备注中注明所在段落。

主点里程计算表

序 号	点 号	公 式	里程桩号	备 注
1	JD□			
2	ZY	ZY 里程 = JD 里程 − T		
3	YZ	YZ 里程 = ZY 里程 + L		
4	QZ	QZ 里程 = YZ 里程 − $\dfrac{L}{2}$		
5	JD□	JD 里程 = QZ 里程 + $\dfrac{D}{2}$		验算

切线支距法的坐标计算表
（要求：桩号采用整桩号法，桩距采用 10 m）

曲线点号	里程桩号	各桩到起点曲线长	$X_i = R\sin\varphi_i$	$Y_i = R(1 - \cos\varphi_i)$
ZY				

偏角法的放样数据计算表
（要求：桩号采用整桩号法，桩距采用 10 m）

曲线点号	里程桩号	各桩到起点曲线长	$\Delta_i = \dfrac{1}{2}\dfrac{l}{R}\dfrac{180°}{\pi} = \dfrac{1}{2}\varphi_i$	$d_i = 2R\sin\Delta_i$
ZY				

（四）考核评价表

考核项目	考核内容及要求	分值	学生自评 (10%)	小组评分 (20%)	教师评分 (70%)	实　得　分
准备工作 (20分)	准备工作完整性	10				
	实训步骤内容描述	8				
	知识掌握完整程度	2				
工作过程 (45分)	测量数据正确性、完整性	10				
	测量精度评价	5				
	报告完整性	30				
基本操作 (10分)	操作程序正确	5				
	操作符合限差要求	5				
安全文明 (10分)	叙述工作过程应注意的安全事项	5				
	工具正确使用和保养、放置规范	5				
完成时间 (5分)	能够在要求的 90 min 内完成，每超时 5 min 扣 1 分	5				
合作性 (10分)	独立完成任务得满分	10				
	在组内成员帮助下得6分					
总分（$\sum$　）		100				

实训十七　纵断面测量

一、实训目标

（1）掌握道路中桩高程的测设方法。
（2）能够绘制该路段纵断面图。

二、实训准备与要求

（一）实训准备

1. 场地条件

无雨天的室外是最好的，可以选择宽阔的广场进行操作练习，前面测设的道路中桩和高程控制测量设置的水准点保持完好。

2. 设备条件

使用 DS_3 自动安平水准仪，精度为每千米中误差 ±3 mm，要求状态良好，无部件损坏情况；

与仪器配套的支架要求架头牢固,架腿伸缩自如,螺钉应固紧,架身无晃动,架腿支好后无滑动现象。全站仪一套,用于三角高程控制测量使用。

3. 工具及材料条件

每组准备 3 m 长的水准尺 1 根。

(二)教师准备

提前布置实训任务,讲解纵断面测量的工作程序,让学生预习有关知识;按照预先的每 5 人分组,准备好实训材料和工具,制定好实训程序和步骤,指导学生进行实训活动。

(三)学生准备

做好知识的预习与储备,掌握道路纵断面测量的方法;提前分析纵断面测量的工作程序,严格遵照实训指导书的操作要求和注意事项,按照组内分工积极参与实训活动。

(四)安全与文明要求

学生听从指导教师的安排及指挥,不在测量作业面上相互打闹;保护好测量仪器及工具;遵守测量实训须知的安全与文明要求;主动保护模拟施工场地上的各种测量标记,发现标记移动或损毁后要第一时间上报指导教师。

(五)参考资料

《工程测量规范》《测量员岗位工作技术标准》《公路工程施工技术规范》《土建工程测量》等。

三、实训内容

测量实训十六道路中线放样的中桩的高程,并绘制该路段纵断面图。

四、实训步骤和方法

(一)路线的纵断面测量

线路纵断面测量又称路线水准测量,其任务是首先沿路线布设水准点,施测水准点的高程,建立高程控制,然后依据控制点测定中线上各里程桩(中桩)的地面高程,绘制路线纵断面图作为路线坡度设计、中桩填挖尺寸计算的依据。

线路纵断面测量分两步进行:首先,在路线方向上设置水准点,施测水准点的高程,建立高程控制,称为基平测量;其次,根据各水准点高程,分段测定中线上各里程桩(中桩)的地面高程,称为中平测量。在基平测量中,路线起始水准点应与国家高等级水准点进行联测,以获得路线的绝对高程。若路线附近没有国家高等级水准点,也可以采用假定高程。

1. 基平测量

(1)路线水准点的设置。基平测量也称路线高程控制测量,其水准点的布设一般是在设置初测水准点的基础上进行的。因此,应对初测水准点逐一进行检核,若其闭合差在 $\pm30\sqrt{L}$ mm(L 为水准路线长度,单位为 km)以内时,可采用初测成果,同时,水准点要有足够的密度,并且位置要适当。当初测水准点遭到破坏密度不够或位置不恰当时,应进行补测。

基平测量中的水准点分永久水准点和临时水准点。永久性水准点一般设置在路线起点和终点、大桥两岸、隧道两端,以及需要长期观测高程的重点工程附近的地方,并且在路线上每隔一定的距离应设置一永久水准点。永久水准点一般应埋设标石,也可设置在永久性建筑物的基础上或用金属标志嵌在基岩上等。临时水准点的设置密度应根据地形复杂情况和工程需要而定,一般在平原地区每隔 1~2 km 布设一个临时水准点,在山区每隔 0.5~1 km 布设一个。

水准点点位应选在地基稳固、易于联测以及施工时不易被破坏的地方,一般距路线中线 50~300 m。水准点设置完以后,要对水准点进行统一编号,一般以 BM_i 表示,其中 i 为水准点编号,并根据需要绘制"点之记"。

基平测量时,应将起始水准点与附近的国家水准点联测,以获得绝对高程,同时在沿线水准测量中,也应尽量与附近国家水准点联测,形成附合水准路线,以获得更多的检核条件。当路线附近没有国家水准点或引测有困难时,也可参考地形图选定一个与实地高程接近的作为起始水准点的假定高程。

基平测量应使用不低于 DS_3 级水准仪,采用一组往返或两组单程在水准点之间进行观测。水准测量的精度要求,往返观测或两组单程观测的高差不符值应满足:

$$f_h \leqslant \pm30\sqrt{L}\,\text{mm}(\text{平原微丘区}) \qquad 或 \qquad \pm45\sqrt{L}\,\text{mm}(\text{山岭重丘区})$$

式中:L 为水准路线长度,以 km 计。

若高差不符值在限差以内,取其高差平均值作为两水准点间高差,否则需要重测。最后,由起始点高程及调整后高差计算各水准点高程。

(2)基平测量的方法。基平测量时,首先应将路线起始水准点与国家水准点进行联测,以获得路线的绝对高程。如果路线附近没有国家水准点,也可以采用假定高程。

水准点高程的测定,一般采用水准测量方法进行,在困难地段也可采用三角高程测量的方法实施。水准测量时,通常采用一台水准仪在两个相邻的水准点间作往返观测;也可用两台水准仪作同向单程观测。在基平测量中,应根据公路等级,按照三等或四等水准测量的技术规范实施,以求得各水准点的高程。具体内容可参考实训十三高程控制测量相关内容。

2. 中平测量

中平测量又称中桩抄平,即线路中桩的水准测量,是以基平测量建立的高程控制点为基础,测定路线中线上各里程桩的地面高程,为绘制线路纵断面提供资料。中平测量一般以相邻两水准点为一测段,从一水准点开始,用视线高法逐点施测中桩的地面高程,附合到下一个水准点上。相邻两转点间观测的中桩,称为中间点。为了削弱高程传递的误差,观测时应先观测转点,后观测中间点。转点应立在尺垫上或稳定的固定点上,尺子读数至毫米,视线长度不大于 150 m;中间点尺子应立在紧靠中桩的地面上,尺子读数至厘米,视线长度可适当放长。

根据所使用仪器的不同,中平测量可采用以下方法实施。

(1)水准仪法:中平测量可采用水准测量的方法进行,即采用一台水准仪实施单程测量。一般是以两相邻水准点为一测段,从一个水准点开始,用视线高法,逐个测定各中桩的地面高程,直至附合到下一个水准点上,相邻水准点构成一条附合水准路线。

如图 8.4 所示,将水准仪安置于 Ⅰ 处,在水准点 BM_1 上竖立水准尺,读取水准尺读数,作为后视读数。首先,读取转点 ZD_1 上水准尺的读数,作为前视读数。然后,依次在各中桩上竖立水准尺,并读取水准尺读数,称为中视读数。在每一个测站上,应尽量多地观测中桩,再将仪器搬至 Ⅱ 处,后视转点 ZD_1,重复上述方法,直至闭合于 BM_2。中视读数读至厘米,转点读数读至毫米。记录、计算如表 8.1 所示。

中桩及转点的高程按下式计算:

$$视线高程 = 后视点高程 + 后视读数$$
$$中桩高程 = 视线高程 - 中视读数$$
$$转点高程 = 视线高程 - 前视读数$$

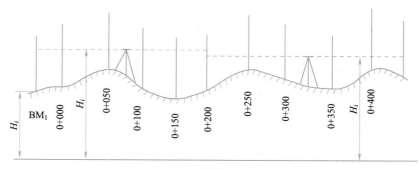

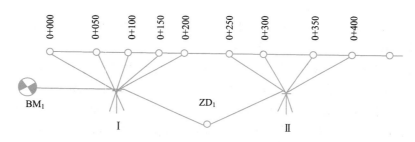

图 8.4 中平测量

例如:在表 8.1 中,测站 Ⅰ 的视线高程为:$H_i = 45.865 + 3.356 = 49.221$;

中桩 0 + 000 的高程为:$49.221 - 2.89 = 46.331$(保留两位小数,取 46.33);

转点 ZD_1 的高程为:$49.221 - 2.205 = 47.016$。

测站 Ⅱ 的视线高程为:$47.016 + 1.902 = 48.918$。

表 8.1 中平测量记录手簿

测 点	水准尺读数/m			视线高/m	高程/m	备 注
	后视	中视	前视			
BM_1	3.356			49.221	45.865	
0 + 000		2.89			46.33	
0 + 050		1.45			47.77	
0 + 100		2.92			46.30	

续表

测　　点	水准尺读数/m			视线高/m	高程/m	备　　注
	后视	中视	前视			
0 + 150		3.98			45.24	
0 + 200		3.05			46.17	
ZD_1	1.902		2.205	49.918	47.016	
0 + 250		0.96			47.96	
0 + 300		2.17			46.75	
0 + 350		2.70			46.21	
0 + 400		0.76			48.16	
ZD_2						
…						
BM_2						
…						

同理,依次计算其他各中桩的高程。以上各式计算单位为 m。水准路线从 BM_1 点开始,终止于 BM_2 点,构成一条附合水准路线,其高差闭合差的限差高速公路和一级公路为 $\pm 30\sqrt{L}$ mm,二级及二级以下公路为 $\pm 50\sqrt{L}$ mm(L 为 BM_1 点至 BM_2 点水准路线长度,以 km 计),测段闭合差在限差以内时不作平差,若超限应重测。依次观测其他各测段,求出所有中桩的地面高程。

(2)全站仪法:在地形起伏较大的地区,水准仪实施起来比较困难时,可以采用三角高程测量的方法进行中平测量。特别是随着全站仪的广泛使用,可以利用全站仪进行中平测量,其原理即为三角高程测量原理。其一,在中桩测设的同时进行,即利用全站仪"测量三维坐标"功能,测出中桩的地面高程;其二,采用任意设站进行中平测量。

(二)绘制纵断面图

纵断面图是根据路线上中桩的里程和高程绘制,既表示中线方向的地面起伏,又反映路线坡度设计的图,是路线设计和施工的重要资料。

1. 纵断面图的主要内容

图 8.5 所示为某道路工程的路线纵断面图。由图可知,纵断面图包括上下两部分,图的上半部,从左至右绘有贯穿全图的两条线。细折线表示中线方向地面线,根据里程和中平测量的中桩地面高程绘制;粗折线表示纵坡设计线。除此之外,在图的上部还注有以下资料:水准点编号、高程和位置;竖曲线示意图及其曲线参数;桥梁、涵洞的类型、孔径、里程桩号和设计水位;与其他路线交叉点的位置、里程桩号和有关说明等。

图的下半部,标注有如下有关测量和纵坡设计的资料,在图纸左边自下而上各栏填写直线与曲线、里程、地面高程、设计高程、坡度和坡长等。

(1)直线和曲线:根据中线测量成果资料绘制的中线示意图。直线部分用直线表示,曲线部分用折线表示,上凸表示路线右转,下凹表示路线左转,并注明交点编号和曲线半径。

(2)里程:按规定的里程比例尺标注的各中桩里程,通常只在百米桩和千米桩处标注里程。

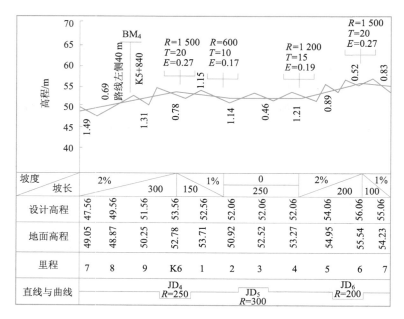

图 8.5　路线纵断面图

坡度 坡长		2% 300		1% 150		0 250			2% 200		1% 100
设计高程	47.56	49.56	51.56	53.56	52.56	52.06	52.06	52.06	54.06	56.06	55.06
地面高程	49.05	48.87	50.25	52.78	53.71	50.92	52.52	53.27	54.95	55.54	54.23
里程	7	8	9	K6	1	2	3	4	5	6	7
直线与曲线		JD₄ R=250			JD₅ R=300			JD₆ R=200			

（3）地面高程：指中桩的地面高程，在纵断面图上将各中桩的地面高程依次标出，并用细直线依次连接各相邻点，即得到地面线。

（4）设计高程：各里程桩处的路基设计高程。

（5）坡度和坡长：用斜线或水平线表示设计坡度的方向，在线的上方标注坡度数值（百分数），下方标注坡长。斜线从左至右向上倾斜表示上坡，向下倾斜表示下坡，水平线表示平坡。同时，不同的坡段以竖线分开。

2. 纵断面图的绘制

在绘制纵断面图时，首先应建立以里程为横坐标，高程为纵坐标的直角坐标系。为了明显地表示地势变化，纵断面图的竖直（高程）比例尺通常是水平（里程）比例尺的 10 倍。一般情况下，在平原微丘地区，水平比例尺和竖直比例尺分别取 1:5 000 和 1:500，在山岭重丘区，水平比例尺和竖直比例尺分别取 1:2 000 和 1:200。纵断面图一般绘制在透明毫米方格纸的背面，以防止修改时用橡皮把方格擦掉。具体操作步骤如下：

（1）根据选定的高程和里程比例尺，绘制表格，并填写有关测量和纵坡设计的相关资料等。

（2）绘制地面线。根据各中桩的里程和地面高程，按比例尺依次绘出中桩的地面位置，并用细线依次连接相邻各点，这样就得到了用细折线表示的地面线。

（3）绘制设计坡度线。根据设计坡度和坡长，由一点的设计高程计算另一点的设计高程。例如，A、B 两点之间的坡度为 i，A 点的设计高程为 H_A，A、B 两点之间的水平距离（坡长）为 D_{AB}，则 B 点的设计高程 H_B 为：

$$H_B = H_A + iD_{AB}$$

（4）计算填挖尺寸。根据各中桩的地面高程和设计高程计算填挖尺寸，填挖尺寸一般用 h 表示，则

$$h = H_{地} - H_{设}$$

式中：$H_地$——地面高程；

　　　$H_设$——设计高程。

式中求得的填挖尺寸,正值为挖土深度,负值为填土高度。挖土尺寸标注在设计线之下,填土尺寸标注在设计线之上。地面线与设计线相交的点为不填不挖处,称为"零点"。

五、注意事项

（1）安置仪器时,脚架要稳固,脚架的固定螺旋应拧紧（注意松紧的方向,勿乱拧）,中心螺旋也要适当拧紧。

（2）正确使用仪器各部分螺旋,应注意对螺旋不能用力强拧,以防损坏。

（3）读数前必须消除视差,注意水准尺上标记与刻划的对应关系,避免读数发生错误。

六、纵断面测量实训报告

（一）实训任务书

课程名称		项目八	道路测量
实训十七	纵断面测量	建议学时	4
班级	学生姓名	工作日期	
实训目标	（1）掌握道路中桩高程的测设方法； （2）能够绘制该路段纵断面图		
实训内容	测量实训十六道路中线放样的中桩的高程,并绘制该路段纵断面图		
安全与文明要求	学生听从指导教师的安排及指挥,不在测量作业面上相互打闹；保护好测量仪器及工具；遵守测量实训须知的安全与文明要求；主动保护模拟施工场地上的各种测量标记,发现标记移动或损毁后要第一时间上报指导教师		
提交成果	实训报告		
对学生的要求	（1）具备路桥工程识图与绘图的基础知识； （2）具备路桥工程构造的知识； （3）具备高程测量的基础知识； （4）具备一定的实践动手能力、自学能力、数据计算能力、一定的沟通协调能力、语言表达能力和团队意识； （5）严格遵守课堂纪律,不迟到、不早退；学习态度认真、端正； （6）每位同学必须积极参与小组讨论； （7）完成"纵断面测量"实训报告		
考核评价	评价内容：仪器操作正确性和工作效率评价；测量数据的正确性、完整性评价；完成报告的完整性评价；安全文明和合作性评价等； 评价方式：由学生自评（自述、评价,占10%）、小组评价（分组讨论、评价,占20%）、教师评价（根据学生学习态度、工作报告及现场抽查知识或技能进行评价,占70%）构成该同学该实训的成绩		

(二)实训准备工作

课程名称			项目八	道路测量
实训十七		纵断面测量	建议学时	4
班级		学生姓名	工作日期	
场地准备描述				
仪器设备准备描述				
工具材料准备描述				
知识准备描述				

(三)实训记录

现场观测中平记录表

测点	水准尺读数/m			视线高程/m	高程/m	备注
	后视	间视	前视			
BM$_1$		—				
K0+000	—		—			
	—		—			
	—		—			
	—		—			
	—		—			
	—		—			
	—		—			
	—		—			
	—		—			
	—		—			
	—					
	—		—			
	—		—			

注:一代表没有或不需要填写

现场绘制纵断面图

（纵断面图横轴比例尺采用 1∶2 000，纵轴采用 1∶200）

（四）考核评价表

考核项目	考核内容及要求	分值	学生自评（10%）	小组评分（20%）	教师评分（70%）	实 得 分
准备工作（20 分）	准备工作完整性	10				
	实训步骤内容描述	8				
	知识掌握完整程度	2				
工作过程（45 分）	测量数据正确性、完整性	10				
	测量精度评价	5				
	报告完整性	30				
基本操作（10 分）	操作程序正确	5				
	操作符合限差要求	5				
安全文明（10 分）	叙述工作过程应注意的安全事项	5				
	工具正确使用和保养、放置规范	5				
完成时间（5 分）	能够在要求的 90 min 内完成，每超时 5 min 扣 1 分	5				
合作性（10 分）	独立完成任务得满分	10				
	在组内成员帮助下得 6 分					
总分（∑　）		100				

实训十八　横断面测量

一、实训目标

（1）掌握道路横断面测量方法。

（2）能够绘制该路段横断面图。

二、实训准备与要求

（一）实训准备

1. 场地条件

无雨天的室外是最好的,可以选择宽阔的广场进行操作练习,前面测设的道路中桩保持完好。

2. 设备条件

使用 DS_3 自动安平水准仪,精度为每千米中误差 ±3 mm,要求状态良好,无部件损坏情况;与仪器配套的支架要求架头牢固,架腿伸缩自如,螺钉应固紧,架身无晃动,架腿支好后无滑动现象。全站仪一套,用于三角高程控制测量使用。

3. 工具及材料条件

每组准备 3 m 长的水准尺 1 根,30 m 的钢尺或皮尺一把。

（二）教师准备

提前布置实训任务,讲解横断面测量的工作程序,让学生预习有关知识;按照预先的每 5 人分组,准备好实训材料和工具,制定好实训程序和步骤,指导学生进行实训活动。

（三）学生准备

做好知识的预习与储备,掌握道路横断面测量的方法;提前分析横断面测量的工作程序,严格遵照实训指导书的操作要求和注意事项,按照组内分工积极参与实训活动。

（四）安全与文明要求

学生听从指导教师的安排及指挥,不在测量作业面上相互打闹;保护好测量仪器及工具;遵守测量实训须知的安全与文明要求;主动保护模拟施工场地上的各种测量标记,发现标记移动或损毁后要第一时间上报指导教师。

（五）参考资料

《工程测量规范》《测量员岗位工作技术标准》《公路工程施工技术规范》《土建工程测量》等。

三、实训内容

测量实训十六道路中线放样的中桩的横断面,并绘制该路段横断面图。

（1）每组在纵断面水准路线上任选一已知高程点,施测横断面,要求此点在横断面方向较开阔。

（2）将经纬仪置于此点,照准纵断面方向的相邻点,将照准部转90°,定出横断面方向。在此方向左、右各选一些地物点或坡度变化点,插上测钎或标志。横断面宽度道路等级和设计用地实际选择。

（3）用经纬仪（或水准仪）测出中线点至各断面点间的平距和高差。

（4）平距亦可直接用皮尺量出。

（5）水准仪（或经纬仪）仅用来测高差。

四、实训步骤和方法

（一）路线的横断面测量

中桩的地面高程在纵断面测量中已测出,此时,只要测出横断面上各变坡点相对于中桩的平距和高差,就可以绘制横断面图。横断面测量的宽度应根据工程要求和实际地形情况而定,一般在道路中线两侧各测 15~50 m。

1. 水准仪皮尺法

在横断面较宽的平坦地区,可采用皮尺量平距、水准仪测高差的水准仪皮尺法。如图 8.6 所示,安置水准仪后,以中桩点为后视点,以横断面方向的各变坡点为前视点测量高差,水准尺读数精确至厘米。用皮尺分别量出各变坡点至中桩的水平距离,水平距离精确至分米。记录格式如表 8.2 所示,表中按路线前进方向分左、右侧记录,以分式表示前视读数和水平距离。

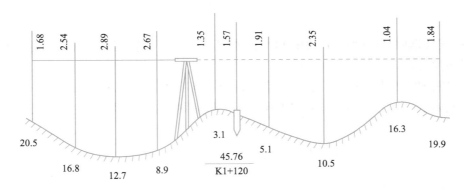

图 8.6　水准仪皮尺法

表 8.2　水准仪皮尺法横断面测量记录

前视读数 水平距离 (左侧)					后视读数 中桩桩号	前视读数 水平距离 (右侧)			
$\frac{1.68}{20.5}$	$\frac{2.54}{16.8}$	$\frac{2.89}{12.7}$	$\frac{2.67}{8.9}$	$\frac{1.35}{3.1}$	$\frac{1.57}{K1+120}$	$\frac{1.91}{5.1}$	$\frac{2.35}{10.5}$	$\frac{1.04}{16.3}$	$\frac{1.84}{19.9}$

2. 经纬仪视距法

在地形复杂的地区,可采用经纬仪视距。此法是将经纬仪安置在中桩上,利用视距测量的方法直接测出横断面上各地形变化点相对于中桩的水平距离和高差。

3. 全站仪法

随着全站仪应用的普及,其观测速度快、精度高、功能强大的特点十分明显。在有条件的情况下,可用全站仪进行横断面测量,以提高工作效率。在测各中桩点高程的同时,在路线中桩两侧的垂直方向选择适当的变坡点,用立棱镜测其平面坐标和高程。

(二)横断面图的绘制

横断面图是根据测得的中桩至变坡点的平距和高差,绘制横断面图在透明毫米方格纸的背面。一般采取现场边测边绘的方法,这样既可省去记录,又可实地核对检查,避免出现错误。若用全站仪测量、自动记录,则可在室内通过计算、绘制横断面图,大大提高工效。

绘制横断面图时,水平比例尺和垂直比例尺一般是一致的,通常采用 1∶200 或 1∶100 的比例尺。如图 8.7 所示,在绘制时,首先标定中桩位置,并注明桩号,然后由中桩开始,根据变坡点的平距和高差,在左右两侧以平距为横轴,高差为纵轴,逐一将变坡点展绘在图纸上,最后再用细线连接相邻点,即绘出横断面的地面线。通常一幅图上可以绘制多个断面图,一般由图纸的左下角,自下而上,从左至右,依次按桩号绘制横断面图。

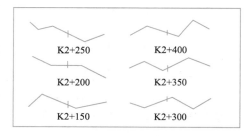

图 8.7　横断面图

五、注意事项

(1)安置仪器时,脚架要稳固,脚架的固定螺旋应拧紧(注意松紧的方向,勿乱拧),中心螺旋也要适当拧紧。

(2)正确使用仪器各部分螺旋,应注意对螺旋不能用力强拧,以防损坏。

(3)读数前必须消除视差,注意水准尺上标记与刻划的对应关系,避免读数发生错误。

六、横断面测量实训报告

(一)实训任务书

课 程 名 称			项 目 八	道 路 测 量
实训十八	横断面测量		建议学时	2
班　　级		学生姓名	工作日期	
实训目标	(1)掌握道路横断面测量方法; (2)能够绘制该路段横断面图			
实训内容	测量实训十六道路中线放样的中桩的横断面,并绘制该路段横断面图			
安全与文明要求	学生听从指导教师的安排及指挥,不在测量作业面上相互打闹;保护好测量仪器及工具;遵守测量实训须知的安全与文明要求;主动保护模拟施工场地上的各种测量标记,发现标记移动或损毁后要第一时间上报指导教师			
提交成果	实训报告			

对学生的要求	(1)具备路桥工程识图的基础知识； (2)具备路桥工程构造的知识； (3)高程测量的基础知识； (4)具备一定的自学能力、数据计算能力、一定的沟通协调能力、语言表达能力和团队意识； (5)严格遵守课堂纪律，不迟到、不早退；学习态度认真、端正； (6)每位同学必须积极参与小组讨论； (7)完成"横断面测量"实训报告
考核评价	评价内容：仪器操作正确性和工作效率评价；测量数据的正确性、完整性评价；完成报告的完整性评价；安全文明和合作性评价等； 评价方式：由学生自评（自述、评价，占10%）、小组评价（分组讨论、评价，占20%）、教师评价（根据学生学习态度、工作报告及现场抽查知识或技能进行评价，占70%）构成该同学该实训的成绩

（二）实训准备工作

课程名称			项目八	道路测量
实训十八	横断面测量		建议学时	2
班级		学生姓名	工作日期	
场地准备描述				
仪器设备准备描述				
工具材料准备描述				
知识准备描述				

(三)实训记录

现场观测横断面记录表

左　侧	桩　号	右　侧
+1.35/4.8 , −0.5/3	K0+000	示例

注:分子代表断面点与中桩之间的高差,分母代表断面点与中桩之间的水平距离。

现场绘制横断面图
(纵断面图横轴比例尺采用1:2 000,纵轴采用1:200)

（四）考核评价表

考核项目	考核内容及要求	分值	学生自评（10%）	小组评分（20%）	教师评分（70%）	实得分
准备工作（20分）	准备工作完整性	10				
	实训步骤内容描述	8				
	知识掌握完整程度	2				
工作过程（45分）	测量数据正确性、完整性	10				
	测量精度评价	5				
	报告完整性	30				
基本操作（10分）	操作程序正确	5				
	操作符合限差要求	5				
安全文明（10分）	叙述工作过程应注意的安全事项	5				
	工具正确使用和保养、放置规范	5				
完成时间（5分）	能够在要求的 90 min 内完成，每超时 5 min 扣 1 分	5				
合作性（10分）	独立完成任务得满分	10				
	在组内成员帮助下得 6 分					
总分（ $\sum$ ）		100				

实训十九 路面结构层施工放样

一、实训目标

（1）熟练掌握高程放样的方法。
（2）能够现场进行路面结构层施工放样。

二、实训准备与要求

（一）实训准备

1. 场地条件

无雨天的室外是最好的，可以选择宽阔的广场进行操作练习，前面测设的道路中桩保持完好。

2. 设备条件

使用 DS$_3$ 自动安平水准仪，精度为每千米中误差 ±3 mm，要求状态良好，无部件损坏情况；

与仪器配套的支架要求架头牢固,架腿伸缩自如,螺钉应固紧,架身无晃动,架腿支好后无滑动现象。

3. 工具及材料条件

每组准备 3 m 长的水准尺 1 根,30 m 的钢尺或皮尺 1 把,木桩若干,铁锤 1 只,红色画线笔 1 支,尼龙线绳若干。

(二)教师准备

提前布置实训任务,讲解路面结构层施工放样的工作程序,让学生预习有关知识;按照预先的每 5 人分组,准备好实训材料和工具,制定好实训程序和步骤,指导学生进行实训活动。

(三)学生准备

做好知识的预习与储备,掌握路面结构层施工放样的方法;提前分析路面结构层施工放样的工作程序,严格遵照实训指导书的操作要求和注意事项,按照组内分工积极参与实训活动。

(四)安全与文明要求

学生听从指导教师的安排及指挥,不在测量作业面上相互打闹;保护好测量仪器及工具;遵守测量实训须知的安全与文明要求;主动保护模拟施工场地上的各种测量标记,发现标记移动或损毁后要第一时间上报指导教师。

(五)参考资料

《工程测量规范》《测量员岗位工作技术标准》《公路工程施工技术规范》《土建工程测量》等。

三、实训内容

每个实训小组按给定图纸及数据完成 50 m 长度(纵坡 3%,横坡 2%,路面结构层宽 20 m。)路面结构层挂线标高的测设工作。

(1)根据给定的控制桩测设 10 m 桩距的中桩;

(2)测设路面结构层的边界位置;

(3)在边界桩位置测设路面该结构层的设计高程,并画上印记,挂线。

四、实训步骤和方法

(一)地面上点的高程测设

高程测设就是根据附近的水准点,将已知的设计高程测设到现场作业面上。

假设在设计图纸上查得路面某位置的设计高程为 $H_设$,而附近有一水准点 A,其高程为 H_A,现要求把 $H_设$ 测设到木桩 B 上。如图 8.8 所示,在木桩 B 和水准点 A 之间安置水准仪,在 A 点上立尺,读数为 a,则水准仪视线高程为:

$$H_i = H_A + a$$

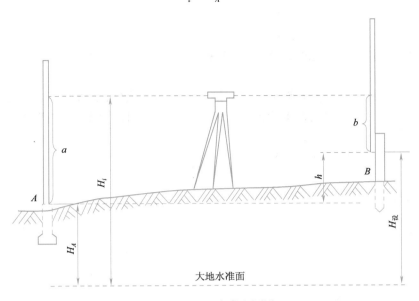

图 8.8 地面点高程测设

根据视线高程和地坪设计高程可算出 B 点尺上应有的读数为：

$$b_{应} = H_i - H_{设}$$

然后,将水准尺紧靠 B 点木桩侧面上下移动,直到水准尺读数为 $b_{应}$ 时,沿尺底在木桩侧面画线,此线就是测设的高程位置。

(二)路面结构层施工放样

各类基层及碎砾石路面施工时,先要在恢复路线的中线上打上里程桩,沿中线进行水准测量,必要时还需测部分路基横断面。然后,在中线上每隔 10 m 设立高程桩两个,使其桩顶为所建成的路表面的高程和路槽底部的高程。如图 8.9 所示,路中心处的两个桩,在垂直于中线方向处向两侧量出一半的路槽,打两个桩,使其桩顶高程符合路槽的横向坡度。然后,纵向相邻桩顶拉线即为基层或路面施工控制线。

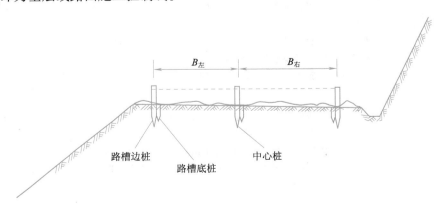

图 8.9 路槽施工测设

五、注意事项

（1）安置仪器时，脚架要稳固，脚架的固定螺旋应拧紧（注意松紧的方向，勿乱拧），中心螺旋也要适当拧紧。

（2）正确使用仪器各部分螺旋，应注意对螺旋不能用力强拧，以防损坏。

（3）读数前必须消除视差，注意水准尺上标记与刻划的对应关系，避免读数发生错误。

六、路面结构层施工放样实训报告

（一）实训任务书

课 程 名 称		项 目 八	道 路 测 量
实训十九	路面结构层施工放样	建议学时	4
班 级	学生姓名	工作日期	
实训目标	（1）熟练掌握高程放样的方法； （2）能够现场进行路面结构层施工放样		
实训内容	每个实训小组按给定图纸及数据完成 50 m 长度（纵坡 3%，横坡 2%，路面结构层宽 20 m）路面结构层挂线标高的测设工作		
安全与文明要求	学生听从指导教师的安排及指挥，不在测量作业面上相互打闹；保护好测量仪器及工具；遵守测量实训须知的安全与文明要求；主动保护模拟施工场地上的各种测量标记，发现标记移动或损毁后要第一时间上报指导教师		
提交成果	实训报告		
对学生的要求	（1）具备路桥工程识图的基础知识； （2）具备路桥工程构造的知识； （3）具备高程测设的基础知识； （4）具备一定的动手实践能力、自学能力、数据计算能力、一定的沟通协调能力、语言表达能力和团队意识； （5）严格遵守课堂纪律，不迟到、不早退；学习态度认真、端正； （6）每位同学必须积极参与小组讨论； （7）完成"路面结构层施工放样"实训报告		
考核评价	评价内容：仪器操作正确性和工作效率评价；测量数据的正确性、完整性评价；完成报告的完整性评价；安全文明和合作性评价等； 评价方式：由学生自评（自述、评价，占 10%）、小组评价（分组讨论、评价，占 20%）、教师评价（根据学生学习态度、工作报告及现场抽查知识或技能进行评价，占 70%）构成该同学该实训的成绩		

（二）实训准备工作

课 程 名 称		项　目　八	道 路 测 量
实训十九	路面结构层施工放样	建议学时	4
班　　级	学生姓名	工作日期	
场地准备描述			
仪器设备准备描述			
工具材料准备描述			
知识准备描述			

（三）实训记录

该段道路路面设计高程计算表

桩号	左边桩高程/m	中桩高程/m	右边桩高程/m
K0 + 000			

（四）考核评价表

考核项目	考核内容及要求	分值	学生自评 （10%）	小组评分 （20%）	教师评分 （70%）	实 得 分
准备工作 （20分）	准备工作完整性	10				
	实训步骤内容描述	8				
	知识掌握完整程度	2				
工作过程 （45分）	测量数据正确性、完整性	10				
	测量精度评价	5				
	报告完整性	30				
基本操作 （10分）	操作程序正确	5				
	操作符合限差要求	5				
安全文明 （10分）	叙述工作过程应注意的安全事项	5				
	工具正确使用和保养、放置规范	5				
完成时间 （5分）	能够在要求的 90 min 内完成，每超时 5 min 扣 1 分	5				
合作性 （10分）	独立完成任务得满分	10				
	在组内成员帮助下得 6 分					
总分（$\sum$）		100				

第二部分

综合实训项目

综合实训一　路桥工程测量综合技能训练

一、实训目标

（1）使学生系统地掌握课堂理论知识与实际操作技能。

（2）进一步熟练水准仪、经纬仪和全站仪等测量仪器及其辅助工具的使用方法。

（3）使学生能够根据给定的任务综合运用所学知识进行测设和测量工作。

（4）针对道桥专业进行专业训练，体现专业特点，使学生熟悉并掌握道桥的基本知识、技能及施测要点。

（5）提高学生的动手能力和分析问题、解决问题的能力，培养良好的集体主义观念，养成严谨求实、团结合作的工作作风和吃苦耐劳的工作态度。

二、实训准备与要求

（一）实训准备

1. 场地条件

无雨天的室外是最好的，在指定宽阔的广场进行操作训练。

2. 设备条件

每组配备经纬仪一台、水准仪一台、全站仪一台，要求仪器状态良好，无部件损坏情况；与仪器配套的支架要求架头牢固，架腿伸缩自如，螺钉应固紧，架身无晃动，架腿支好后无滑动现象。

3. 工具及材料条件

准备 30 m 钢尺一把、5 m 小卷尺 1 把，立点定向的标杆（红白 20 cm 相间标示）一根，水准尺两根，用记号笔或白板笔画点。

（二）教师准备

提前布置实训任务,让学生预习与复习有关知识;按照预先的每5人分组,准备好实训材料和工具,制定好实训程序和步骤,指导学生进行实训活动。

（三）学生准备

做好知识的复习与储备,将路桥相关的实习实训项目,严格遵照综合技能训练实训指导书的操作要求和注意事项,按照组内分工积极参与实训活动。

（四）安全与文明要求

（1）学生听从指导教师的安排及指挥,不在测量作业面上相互打闹。

（2）要注意人身和仪器安全,保护好测量仪器及工具,爱护测量仪器和工具,损坏或丢失仪器工具应照价赔偿。

（3）遵守测量实训须知的安全与文明要求。

（4）主动保护模拟施工场地上的各种测量标记,发现标记移动或损毁后要第一时间上报指导教师。

（5）每名同学必须进行实训,并认真完成实训任务。

（6）实训期间不经批准不得私自离开,否则按旷课处理。

（7）不准坐在仪器箱上。

（8）出工和收工时,组长要认真清点仪器、工具。

（9）团结合作,互相帮助,吃苦耐劳。

（五）参考资料

《工程测量规范》《测量员岗位工作技术标准》《公路工程施工技术规范》《土建工程测量》等。

三、实训任务和要求

（一）综合实训内容

（1）完成指定顺路导线控制点的中线布设及中桩测设工作,要求完成直线段20 m桩距的中桩测设,曲线段10 m桩距的中桩测设。

（2）完成该段道路线路的纵横断面的测量工作。

（3）利用自由导线控制点使用全站仪坐标放样的方法测设道路中桩(直线段2点,曲线段2点)进行校核。

（4）测设指定直线段40 m长纵坡为 −5% 的坡度线。

（5）测设指定桩号位置桥梁扩大基础放样的边线。

（二）原始测量资料的给定

1. 水准点

水准点设置在实训楼门前的 BM_1、BM_2、BM_3……编号与组别相对应,高程数据由指导教师自行确定。

2. 控制点

(1)自由导线控制点。实训场地内有已知自由导线控制点 A、B,其坐标由指导教师自行确定或查取校内导线点布置图。

(2)顺路导线控制点。路线起点(QD)桩号 K0 +000,坐标已知;JD_1 点,坐标已知;JD_2 点,坐标已知;路线终点(ZD)的桩号待定。

（三）综合实训上交的成果

实训过程中,所有外业观测的原始数据均应记录在规定的表格内,全部内业计算也要在规定的表格内进行。

1. 小组应上交的成果

每组应提交实训报告一套,标明班级、组别、实训日期、组长及组员,装订成册上交,报告具体内容包括如下几方面:

(1)测量总体说明:说明实习的目的、任务及过程。

(2)公路路线测量记录表:包括测角记录;直线、曲线及转角一览表;偏角法测设数据表;中桩记录;路线逐桩坐标表;基、中平测量记录;横断面测量记录。

(3)绘制勘测设计路线平面图,比例尺采用1∶500。

(4)绘制原地面纵断面图,横轴比例尺采用1∶500,纵轴采用1∶50。

(5)测设指定直线段 40 m 长纵坡为 −5% 的坡度线的测量方案。

(6)测设指定桩号位置桥梁扩大基础放样的边线测量方案。

(7)实习体会:介绍在实训中遇到的技术问题,采取的措施和方法,实训中的收获、体会,对实训的意见和建议等。

2. 个人应上交的成果与资料

每名同学提交实训的日记。

四、实训步骤和方法

(1)教师提前发放实训任务书及指导书,学生提前预习。

(2)指导教师讲解工作内容及方法并答疑,现场交接桩点,发放测量仪器及工具、设备。

(3)学生自行做工作计划,小组讨论通过后向指导教师汇报、审核,通过后开展下一步工作。

(4)现场操作仪器(经纬仪、全站仪)测量顺路导线控制点,测角、测距,设计路线的直线段及曲线段,自行完成曲线半径的确定,完成直线、曲线及转角一览表,计算偏角法测设数据表,完成推算中桩记录表,绘制勘测设计路线平面图(比例尺采用1∶500),实地测设路线的中桩。

(5)根据给定的路线控制桩点的坐标及设计的曲线要素,推算路线逐桩坐标表,利用自由导线控制点用全站仪放样中桩点进行校核（部分），误差达到允许范围 ±5 cm 以内。

（6）根据给定的水准点，在路线沿线布设施工水准点，采用等外闭合水准测量的方法完成施工水准点的标定工作（基平测量），然后依据设置的施工水准点测量路线中桩点的高程工作（中平测量），填写基、中平测量记录，绘制原地面纵断面图，横轴比例尺采用 1∶500，纵轴采用 1∶50。

（7）完成路线内至少 5 个桩号的横断面测量工作，要求左右边桩位置为 10 m。

（8）测设指定直线段 40 m 长纵坡为 −5% 的坡度线。

（9）测设指定桩号位置桥梁扩大基础放样的边线。

五、注意事项

（1）安置仪器时，脚架要稳固，脚架的固定螺旋应拧紧（注意松紧的方向，勿乱拧），中心螺旋也要适当拧紧。

（2）观测时，立在点位上的花杆应尽量竖直，尽可能用十字丝交点瞄准花杆根部，最好能瞄准桩心的点位。

（3）要求对中误差小于 1 mm，整平误差管气泡要求小于一格。

（4）放样桩位画点时使用十字交叉线，交点即为桩位。

（5）实行组长负责制，合理安排，使每一名同学都有机会练习，不要单纯追求进度，组员之间要密切配合，能够吃苦耐劳。

（6）仪器设备妥善管理，由专人负责，避免损坏或丢失。

（7）实训前的知识准备工作要求提前做好，备好教材等参考书。

路桥工程测量综合技能训练实训报告

组号_____ 日期_____ 量测人_____

工具_____ 天气_____ 记录人_____

一、测量总体说明

说明实习的目的、任务及设计工作工程。

_____

_____

_____

_____

二、公路路线测量记录表

包括测角记录，直线、曲线及转角一览表，偏角法测设数据表，中桩记录，路线逐桩坐标表，基、中平测量记录，横断面测量记录。

（一）中线测量

水平角观测记录表

组　号_____　　　日期_____　　　观测人_____
仪器号_____　　　天气_____　　　记　录_____

测　站	竖盘位置	目　标　点	水平度盘读数	半测回角值	一测回角值	平均角值	备　注

直线、曲线及转角一览表

交点编号	交点里程	偏角	曲线要素值					曲线位置			直线长度	
			半径	切线	曲线	外距	切曲	起点	曲中	终点	直线长度	交点间距

偏角法测设数据表

JD$_i$ 曲线细部测设 　　　　$R =$ _____ $\alpha =$ _____

曲线点号	里程桩号	各桩到起点曲线长	$\Delta_i = \dfrac{1}{2}\dfrac{l}{R}\dfrac{180°}{\pi} = \dfrac{1}{2}\varphi_i$	$c_i = 2R\sin\Delta_i$
ZY				

偏角法测设数据表

JD$_i$ 曲线细部测设 　　　　$R =$ _____ $\alpha =$ _____

曲线点号	里程桩号	各桩到起点曲线长	$\Delta_i = \dfrac{1}{2}\dfrac{l}{R}\dfrac{180°}{\pi} = \dfrac{1}{2}\varphi_i$	$c_i = 2R\sin\Delta_i$
ZY				

中桩记录表

序　号	里程桩号	所属名称	备　注

注:所属名称是指中桩的具体名称,例如路线起点、终点、整桩号或曲线的起点、终点等,填写时每段只记录关键的起点和终点即可,备注中注明所在段落。

路线逐桩坐标表

序　号	里 程 桩 号	$X(N)$	$Y(E)$	所 属 名 称	备　注

注:所属名称是指中桩的具体名称,例如路线起点、终点、整桩号或曲线的起点、终点等,填写时每段只记录关键的起点
　　和终点即可,备注中注明所在段落。

（二）纵断面测量

基平记录表

测站号	测点	水准尺读数/m		高差 h/m	高程/m	单向距离（视距）	测站视距
		后视 a/m	前视 b/m				
			—	—	50		
$\sum$							
计算校核		$\sum a - \sum b =$		$\sum h =$			

水准路线平差计算表

点 号	距离/km	实测高差/m	改正值/mm	改正后高差/m	高程/m	备 注
BM_1					50	已知
SD_1						待定点
SD_2						待定点
SD_3						待定点
BM_1						
Σ						
辅助计算	$f_h =$ $-f_h/\Sigma L =$ $f_允 = \pm 40 \sqrt{\Sigma L} =$					

中平记录表

测 点	水准尺读数/m			视线高程/m	高程/m	备 注
	后视	间视	前视			
BM_1		—	—			给定
K0 + 000	—		—			
	—		—			
	—		—			
	—		—			
	—		—			
	—		—			
	—		—			
...	—		—			
TP_1		—				
	—		—			
	—		—			
	—		—			
	—		—			
	—		—			

测点	水准尺读数/m			视线高程/m	高程/m	备　注
	后视	间视	前视			
TP₂		—				
	—		—			
	—		—			
	—		—			
	—		—			

注:—代表没有或不需要填写。

（三）横断面测量

横断面记录

左　侧	桩　号	右　侧
+ 1. 35/4. 8 ， − 0. 5/3	K0 + 000	示例

注:分子代表断面点与中桩之间的高差,分母代表断面点与中桩之间的水平距离。

三、绘制勘测设计路线平面图

比例尺采用 1:500，需加附件。

四、绘制原地面纵断面图

横轴比例尺采用 1:500，纵轴采用 1:50，需加附件。

五、测设指定直线段 40 m 长纵坡为 −5% 的坡度线的测量方案

_____

_____

_____

_____

_____

_____

六、测设指定桩号位置桥梁扩大基础放样的边线测量方案

_____

_____

_____

_____

_____

_____

七、实训体会

介绍在实训中遇到的技术问题，采取的措施和方法，实训中的收获、体会，对实训的意见和建议等。

_____

_____

_____

_____

_____

_____

综合实训考核评价表

考核项目	考核内容及要求	分 值	评 语	评 分
准备工作 (20分)	准备工作完整性	10		
	实训步骤内容描述	8		
	知识掌握完整程度	2		
工作过程 (45分)	测量数据正确性、完整性	10		
	测量精度评价	5		
	报告完整性	30		
基本操作 (10分)	操作程序正确	5		
	操作符合限差要求	5		
安全文明 (10分)	叙述工作过程应注意的安全事项	5		
	工具正确使用和保养、放置规范	5		
完成时间 (5分)	能够在要求的90 min内完成,每超时5 min扣1分	5		
合作性 (10分)	独立完成任务得满分	10		
	在组内成员帮助下得6分			
总分(Σ)		100		

综合实训二 房屋建筑综合技能训练

一、实训目标

（1）使学生系统地掌握课堂理论知识与实际操作技能。

（2）进一步熟练水准仪、经纬仪和全站仪等测量仪器及其辅助工具的使用方法。

（3）使学生能够根据给定的任务综合运用所学知识进行测设和测量工作。

（4）针对建筑工程专业进行专业训练,体现专业特点,使学生熟悉并掌握建筑工程的基本知识、技能及施测要点。

（5）提高学生的动手能力和分析问题、解决问题的能力,培养良好的集体主义观念,养成严谨求实、团结合作的工作作风和吃苦耐劳的工作态度。

二、实训准备与要求

(一)实训准备

1. 场地条件

无雨室外,指定宽阔的场地。

2. 设备条件

每组配备水准仪一台、全站仪一台,要求仪器状态良好,无部件损坏情况;与仪器配套的支架要求架头牢固,架腿伸缩自如,螺钉应固紧,架身无晃动,架腿支好后无滑动现象。

3. 工具及材料条件

5 m 小卷尺 1 把,水准尺 2 根,钉锤 1 把,木桩、钉子若干。

(二)教师准备

提前布置实训任务,让学生预习与复习有关知识;按照预先的每 5 人分组,准备好实训材料和工具,制定好实训程序和步骤,指导学生进行实训活动。

(三)学生准备

做好知识的复习与储备,针对建筑工程测量相关的实习实训项目,严格遵照综合技能训练实训指导书的操作要求和注意事项,按照组内分工积极参与实训活动。

(四)安全与文明要求

(1)学生听从指导教师的安排及指挥,不在测量作业面上相互打闹。

(2)要注意人身和仪器安全,保护好测量仪器及工具,爱护测量仪器和工具,损坏或丢失仪器工具应照价赔偿。

(3)遵守测量实训须知的安全与文明要求。

(4)主动保护模拟施工场地上的各种测量标记,发现标记移动或损毁后要第一时间上报指导教师。

(5)每名同学必须进行实训,并认真完成实训任务。

(6)实训期间不经批准不得私自离开,否则按旷课处理。

(7)严禁坐、踏仪器箱。

(8)出工和收工时,组长要认真清点仪器、工具。

(9)团结合作,互相帮助,吃苦耐劳。

(五)参考资料

《工程测量规范》《测量员岗位工作技术标准》《建筑工程施工技术规范》《土建工程测量》等。

三、实训任务和要求

(一)综合实训内容

(1)利用自由导线控制点使用全站仪、测量绘图软件完成指定场地内的地形图测绘工作。

(2)利用自由导线控制点使用全站仪完成该场地内导线点加密控制测量工作、利用水准点使用水准仪完成场地内高程施工控制点加密工作。

(3)利用加密导线点控制点使用全站仪坐标放样的方法完成建筑物平面定位工作并汇出报验图。

(4)利用加密高程施工控制点完成建筑物高程定位工作。

(5)测设指定建筑物基坑开挖边线。

(6)测设指定建筑物基槽开挖线或桩位中心。

(二)原始测量资料的给定

1. 水准点

原始水准点设置在实训楼门前的 BM_1、BM_2、BM_3……编号与组别相对应,高程数据由指导教师自行确定。

2. 控制点

实训场地内有已知自由导线控制点 A、B、C,其坐标由指导教师自行确定或查取校内导线点布置图。

3. 施工图纸

由指导教师提供各组场地内建筑总平面图、基础平面图、建筑立面图,建筑物主轴线交点坐标由指导教师提供。

(三)综合实训上交的成果

实训过程中,所有外业观测的原始数据均应记录在规定的表格内,全部内业计算也要在规定的表格内进行。

1. 小组应上交的成果

每组应提交实训报告一套,标明班级、组别、实训日期、组长及组员,装订成册上交,报告具体内容包括如下几方面:

(1)测量总体说明:说明实训的目的、任务及过程。

(2)建筑工程测量记录表:包括闭合导线测量计算表;三、四等外水准测量记录表;水准测量计算手簿、水平角观测手簿;距离测量记录表;工程定位测量放线记录。

(3)数字化出图场地平面图,比例尺采用1:500。

(4)提交导线点加密(全站仪测角、量边计算方法或全站仪坐标测量、单一导线近似平差方法任选一种)略图各项数据成果标注于图上相应位置。

(5)提交四等外水准测量记录表及准确的高程计算表。

(6)提交工程定位测量放线记录。

(7)实训体会:介绍在实训中遇到的技术问题,采取的措施和方法,实训中的收获、体会,对实训的意见和建议等。

2. 个人应上交的成果与资料

每名同学提交实训的日记。

四、实训步骤和方法

（1）教师提前发放实训任务书及指导书，学生提前预习。

（2）指导教师讲解工作内容及方法并答疑，现场交接桩点，发放测量仪器及工具、设备。

（3）学生自行做工作计划，小组讨论通过后向指导教师汇报、审核，通过后开展下一步工作。

（4）现场操作仪器（全站仪），利用场地已有导线点进行现场地形的测绘，测绘数据存储与仪器并利用工程测量软件导出成图。

（5）根据给定的导线点结合场地建筑总平面图进行导线控制点加密工作。

（6）根据给定的水准点，结合场地建筑总平面图进行四等水准控制测量工作，对水准点进行加密。视具体情况进行等外控制测量加密施工水准控制点。

（7）利用已加密导线点及建筑总平面图进行建筑物平面定位工作。

（8）利用已加密四等水准点或等外施工水准控制点进行建筑物高程定位工作。

（9）利用建筑物定位控制点（平面、高程）进行基坑、基槽开挖边线位置、深度或桩位和桩孔深度放样控制工作。

五、注意事项

（1）安置仪器时，脚架要稳固，脚架的固定螺旋应拧紧（注意松紧的方向，勿乱拧），中心螺旋也要适当拧紧。

（2）观测时，立在点位上的棱镜对中杆应竖直，尽可能用十字丝交点瞄准棱镜中心。

（3）要求对中误差小于 1 mm，整平误差管气泡要求小于半格。

（4）放样桩位点时使用木桩钉铁钉，钉帽即为桩位。

（5）实行组长负责制，合理安排，使每一名同学都有机会练习，不要单纯追求进度，组员之间要密切配合，能够吃苦耐劳。

（6）仪器设备妥善管理，由专人负责，避免损坏或丢失。

（7）实习前的知识准备工作要求提前做好，备好教材、参考书等。

建筑工程测量综合技能训练实训报告

组　号_____　　　日期_____　　　量测人_____

工　具_____　　　天气_____　　　记录人_____

一、测量总体说明

说明实训的目的、任务及设计工作工程。

_____

_____

_____

_____

_____

二、数字化成图测量成果

包括全站仪数字化测图业外记录表,全站仪数字化测图内业出图记录表。

全站仪数字化测图业外记录表

测量日期:＿＿＿＿＿＿＿＿　　组　号:＿＿＿＿＿＿＿＿　　使用仪器:＿＿＿＿＿＿＿＿

操 作 人:＿＿＿＿＿＿＿＿　　复测人:＿＿＿＿＿＿＿＿　　记 录 人:＿＿＿＿＿＿＿＿

建站点信息			后视点信息			测定点信息			存 储 状 态		备　注
点号	X		点号	X		点号	X		是	否	
	Y			Y			Y				
	H			H			H				

全站仪数字化测图内业出图记录表

数据录入人		出 图 人		检 查 人		备　注
出图日期		比例尺		成图软件		

图纸粘贴处

三、导线加密测量成果

水平角观测记录表

组　号＿＿＿＿＿＿＿＿　　　　日期＿＿＿＿＿＿＿＿　　　　观测人＿＿＿＿＿＿＿＿

仪器号＿＿＿＿＿＿＿＿　　　　天气＿＿＿＿＿＿＿＿　　　　记　录＿＿＿＿＿＿＿＿

测　站	竖盘位置	目 标 点	水平度盘读数	半测回角值	一测回角值	平均角值	备　注

注:适用于全站仪测角、量边计算方法。

距离测量记录表

导线名称：

日期：	仪器：		天气：
观测者：	记录者：		检查者：

边名	往测距离/m	返测距离/m	测距中数/m

注：适用于全站仪测角、量边计算方法。

闭合导线测量计算表（全站仪测角、量边计算方法）

点　号	观测角/ (° ′ ″)	改正数/(″)	改正后角值/ (° ′ ″)	方位角/ (° ′ ″)	边长/m	纵坐标增量			横坐标增量			坐 标 值	
						计算值/m	改正数/cm	改正后值/m	计算值/m	改正数/cm	改正后值/m	X/m	Y/m
Σ													
辅助计算													

注：适用于全站仪测角、量边计算方法。

闭合导线测量计算表（全站仪坐标测量、单一导线近似平差方法）

点　号	观测值			相邻点边长	累计边长	改正数			计算值		
	X'/m	Y'/m	H'/m	m	m	Vx/mm	Vy/mm	V_h/mm	X/m	Y/m	H/m
已知导线点点号	—	—	—	—	—	—	—	—			
已知导线点点号	—	—	—	—	—	—	—	—			
已知点号											

f_x	
f_y	
f_h	
$1/T$	
f_x	
V_{x0}	
V_{y0}	
V_{h0}	

闭合导线示意图：

注：适用于全站仪坐标测量、单一导线近似平差方法。

四、水准点加密测量成果

四等水准测量记录

项目名称：

| 日期： | | 仪器： | | 天气： |

观测者：　　　　　　　　　　记录者：　　　　　　　　检查者：

测站	后尺	上丝	前尺	上丝	方向及尺号	中丝读数/mm		K＋红－黑/mm	高差中数	备　注
		下丝		下丝		黑面	红面			
	后视距		前视距							
	视距差 d		$\sum d$							
					后					
					前					
					后－前					
					后					
					前					
					后－前					
					后					
					前					
					后－前					
					后					
					前					
					后－前					
					后					
					前					
					后－前					

注：本表适用于四等水准测量加密。

水准测量平差计算表

测　站	测　　点	本站视距/m	高差中数/m	改正数/mm	改正后高差/m	高程/m	备　　注
$\sum$							

计算校核	$f_h =$ $-f_h / \sum L =$ $f_允 = \pm 20 \sqrt{\sum L} =$

注:本表适用于四等水准测量加密。

等外水准测量记录计算表

测 站	测 点	水准尺读数		高差/m	平均高差/m	改正数/mm	改正后高差/m	高程/m	备 注
		后视/m	前视/m						
Σ									
校核									

注：本表适用于等外水准测量加密。

五、建筑物定位测量成果

工程定位测量放线记录

工 程 名 称		委 托 单 位	
图 纸 编 号		施 测 日 期	
平面坐标依据		复 测 日 期	
高 程 依 据		使 用 仪 器	
允 许 误 差		仪器检校日期	

定位抄测示意图：

复测结果：

签 字 栏	建设 （监理单位）	施工（测量）单位		测量人员岗 位证书号	
		专业技术负责人	测量负责人	复测人	施测人

六、建筑物施工放样成果

工程施工放线记录

项 目 名 称								
计 算 人					复核人			
施 测 人					复测人			
测站点		后视点		放样点		放样数据	放样精度	复测精度
点号	X	点号	X	点号	X	角度(° ′ ″)	角度(″)	角度(″)
	Y		Y		Y	距离/m	距离(1/T)	距离(1/T)

注:利用全站仪坐标放样时放样数据中距离与放样精度中距离相对精度可不填写,但在复测放样点坐标后必须计算出复测精度中角度精度与距离相对精度并填写。

七、指定建筑物基坑开挖线或桩位放样的测量方案。

_____

_____

_____

_____

八、实训体会

介绍在实训中遇到的技术问题,采取的措施和方法,实训中的收获、体会,对实训的意见和建议等。

_____

_____

_____

综合实训考核评价表

考核项目	考核内容及要求	分　值	评　语	评　分
准备工作 (20分)	准备工作完整性	10		
	实训步骤内容描述	8		
	知识掌握完整程度	2		
工作过程 (45分)	测量数据正确性、完整性	10		
	测量精度评价	5		
	报告完整性	30		
基本操作 (10分)	操作程序正确	5		
	操作符合限差要求	5		
安全文明 (10分)	叙述工作过程应注意的安全事项	5		
	工具正确使用和保养、放置规范	5		
完成时间 (5分)	能够在要求的时间内完成,每超时60 min扣1分	5		
合作性 (10分)	独立完成任务得满分	10		
	在组内成员帮助下得6分			
总分(∑)		100		

第三部分

考核题库

工程测量课程技能考核大纲

该技能考试大纲是指导《工程测量实训》课程实训教学考核试题的编制、考核的实施、学生备考及应考的总纲。

(1)技能考核的目的：

①考查学生掌握、应用知识和技能操作的能力。

②评价教师的教学质量。

③检验教学的效果。

(2)技能考核的对象：土木建筑工程专业的学生。

(3)技能考核的方式：实训考核共设 4 个项目，每个项目均设置若干试题，考核者通过抽取题签然后在指定的场地使用规定的仪器设备完成相应的预设考核内容。

(4)技能考核的方法：理论与实践结合的实际操作。

(5)技能考核项目、试题、操作要求与方法、评分标准、权重及器材设备如下表：

考核项目	试题	操作要求与方法	评分标准	权重%	器材设备
考核项目一：高程测量与测设（100分）	1	闭合水准路线测量	(1)按照给定的点位进行闭合水准路线测量； (2)严格按操作规程作业； (3)记录、计算完整、清洁、字体工整，无错误； (4)$f \leqslant \pm 40\sqrt{L}$ mm，(注：由于考场地势平坦、范围不大)高差闭合差不必进行分配	(1)以精度符合要求为基准前提，以时间 T 为评分主要依据； (2)根据圆水准气泡和补偿指标线不脱离小三角形情况，扣 1~5 分； (3)根据卷面整洁情况，扣 1~5 分(记录划去 1 处，扣 1 分，合计不超过 5 分)； (4)记录、计算错误，扣 5~15 分	25	水准仪、水准尺、铅笔、记录本、计算器等
	2	高差法和视线高程法	(1)按照给定的点位进行高差法和视线高程法； (2)严格按操作规程作业； (3)记录、计算完整、清洁、字体工整，无错误			

续表

考核项目	试题	操作要求与方法	评分标准	权重%	器材设备
考核项目一：高程测量与测设（100分）	3	附合水准路线测量	(1)按照给定的点位进行附合水准路线测量； (2)严格按操作规程作业； (3)记录、计算完整、清洁、字体工整，无错误； (4)$f_允 \leq \pm 40\sqrt{L}$ mm，(注：由于考场地势平坦、范围不大)高差闭合差不必进行分配	(1)以精度符合要求为基准前提，以时间 T 为评分主要依据； (2)根据圆水准气泡和补偿指标线不脱离小三角形情况，扣1~5分； (3)根据卷面整洁情况，扣1~5分。(记录划去1处，扣1分，合计不超过5分)； (4)记录、计算错误，扣5~15分	25	水准仪、水准尺、铅笔、记录本、计算器等
	4	测设水平面	(1)按照给定的点位和数据进行高程测设； (2)严格按操作规程作业； (3)记录、计算完整、清洁、字体工整，无错误			
考核项目二：角度测量与测设（100分）	1	测回法测量三角形内角	(1)操作规范、熟练； (2)记录清晰，无涂抹； (3)计算正确； (4)满足精度	(1)以精度符合要求为基准前提，以时间 T 为评分主要依据； (2)根据管水准气泡脱离标示边划线情况，扣1~5分； (3)根据卷面整洁情况，扣1~5分。(记录划去1处，扣1分，合计不超过5分)； (4)记录、计算错误，扣5~15分	25	经纬仪、花杆、测钎、铅笔、记录本、计算器等
	2	正倒镜分中法测设已知角度	(1)操作规范、熟练； (2)记录清晰，无涂抹； (3)计算正确； (4)满足精度			
	3	闭合导线控制测量外业工作	(1)操作规范、熟练； (2)记录清晰，无涂抹； (3)计算正确； (4)满足精度			
考核项目三：使用全站仪测量及测设（100分）	1	使用全站仪测设角度距离	(1)操作规范、熟练； (2)记录清晰，无涂抹； (3)计算正确； (4)满足精度	(1)以点位之间精度符合要求为基准前提，以时间 T 为评分主要依据； (2)根据管水准气泡脱离标示边划线情况，扣1~5分； (3)根据卷面整洁情况，扣1~5分。(记录划去1处，扣1分，合计不超过5分)	25	全站仪、棱镜或花杆、铅笔、记录本、计算器等
	2	全站仪测量点的平面坐标	(1)操作规范、熟练； (2)记录清晰，无涂抹； (3)计算正确； (4)满足精度			
	3	全站仪自由建站	(1)操作规范、熟练； (2)记录清晰，无涂抹； (3)计算正确； (4)满足精度			

续表

考核项目	试题	操作要求与方法	评分标准	权重%	器材设备
考核项目三：使用全站仪测量及测设（100分）	4	全站仪放样平面坐标点	（1）操作规范、熟练； （2）记录清晰，无涂抹； （3）计算正确； （4）满足精度	（4）记录、计算错误，扣5~15分	25	全站仪、棱镜或花杆、铅笔、记录本、计算器等
考核项目四：专业测设（100分）	1	直角坐标法放样点的平面位置	（1）操作规范、熟练； （2）记录清晰，无涂抹； （3）计算正确； （4）满足精度	（1）以精度符合要求为基准前提，以时间 T 为评分主要依据； （2）根据管水准气泡脱离标示边划线情况，扣1~5分； （3）根据卷面整洁情况，扣1~5分（记录划去1处，扣1分，合计不超过5分）； （4）记录、计算错误，扣5~15分	25	（1）经纬仪、花杆、测钎、铅笔、记录本、计算器等； （2）全站仪、棱镜或花杆、铅笔、记录本、计算器等
	2	极坐标法放样点的平面位置	（1）操作规范、熟练； （2）记录清晰，无涂抹； （3）计算正确； （4）满足精度			
	3	单圆曲线切线支距法详细测设	（1）操作规范、熟练； （2）记录清晰，无涂抹； （3）计算正确； （4）满足精度			
	4	单圆曲线偏角法详细测设	（1）操作规范、熟练； （2）记录清晰，无涂抹； （3）计算正确； （4）满足精度			
合　　计				100	

考核项目一　高程测量与测设

考核试题一　闭合水准路线测量

（100分）

班级：＿＿＿＿＿＿　　学号：＿＿＿＿＿＿　　姓名：＿＿＿＿＿＿

1. 考核内容

（1）用普通水准测量方法完成闭合水准路线测量工作。

（2）完成该段水准路线的记录和计算校核并求出高差闭合差。

（3）使用自动安平水准仪时，要求补偿指标线不脱离小三角形。

2. 考核要求

（1）按照给定的点位进行闭合水准路线测量。

（2）严格按操作规程作业。

（3）记录、计算完整、清洁、字体工整，无错误。

（4）$f_允 \leqslant \pm 12$ mm（注：由于考场地势平坦、范围不大），高差闭合差不必进行分配。

3. 考核标准

（1）以时间 T 为评分主要依据，如下表，评分标准分 4 个等级制定，具体分数由所在等级内插评分，表中 M 代表分数，即 60～85 分内按照比例加分，15′以内每少 1′加 2 分。

考核项目	评分标准（以时间 T 为评分主要依据）			
	$M \geqslant 85$	$85 > M \geqslant 75$	$75 > M \geqslant 60$	$M < 60$
闭合水准路线测量	$T \leqslant 15'$	$15' < T \leqslant 20'$	$20' < T \leqslant 25'$	$T > 25'$

（2）根据圆水准气泡和补偿指标线不脱离小三角形情况，扣 1～5 分。

（3）根据卷面整洁情况，扣 1～5 分（记录划去 1 处，扣 1 分，合计不超过 5 分）。

（4）记录、计算错误，扣 5～15 分。

4. 考核说明

（1）考核过程中任何人不得提示，各人应独立完成仪器操作、记录、计算及校核工作。

（2）主考人有权随时检查是否符合操作规程及技术要求，但应相应折减所影响的时间。

（3）若有作弊行为，一经发现一律按零分处理，不得参加补考。

（4）考核前考生应准备好钢笔或圆珠笔、计算器，考核者应提前找好扶尺人。

（5）考核时间自架立仪器开始，至递交记录表为终止。

（6）考核仪器水准仪为自动安平水准仪（精度与 DS₃ 型相当）。

（7）数据记录、计算及校核均填写在相应记录表中，记录表不可用橡皮擦修改，记录表以外的数据不作为考核结果。

（8）主考人应在考核结束前检查并填写圆水准气泡和补偿指标线不脱离小三角形情况，在考核结束后填写考核所用时间并签名。

（9）水准测量考核记录表见"普通水准记录表"。

5. 样题

已知水准点 BM 的高程为 HBM ＝ 50.000 m，试用普通水准测量的方法，测出点 1、2、3 的高程。（注：高差闭合差不必进行分配）

普通水准测量记录表

测　点	水准尺读数/m		高差 h/m		高程/m	备　注
	后视 a/m	前视 b/m	＋	－		
		—	—	—		起点高程设为 50 m
$\sum$						
计算校核	$\sum a - \sum b =$		$\sum h =$			

主考人填写：

（1）开始时间：＿＿＿＿＿＿＿结束时间：＿＿＿＿＿＿＿。

　　完成时间：＿＿＿＿＿＿＿。

　　得分情况：＿＿＿＿＿＿＿。

（2）记录、计算错误情况,扣分：＿＿＿＿＿＿＿。

（3）圆水准气泡居中和补偿指标线不脱离小三角形情况,扣分：＿＿＿＿＿＿＿。

（4）卷面整洁情况,扣分：＿＿＿＿＿＿＿。

　　考核得分：

　　主考人：＿＿＿＿＿＿＿考试日期：＿＿＿＿＿＿＿

考核试题二　高差法和视线高程法测量

（100分）

班级：＿＿＿＿＿＿　　学号：＿＿＿＿＿＿　　姓名：＿＿＿＿＿＿

1. 考核内容

（1）用高差法完成指定现场 3 个相邻点位高差的观测、记录及计算的测量工作。

（2）用视线高程法完成某段线路上指定点位高程的观测、记录和计算校核工作。

2. 考核要求

（1）按照给定的点位进行水准测量工作。

（2）严格按操作规程作业。

（3）记录、计算完整、清洁、字体工整,无错误。

（4）按照考核标准的时间进行评分。

3. 考核标准

（1）以时间 T 为评分主要依据,如下表,评分标准分 4 个等级制定,具体分数由所在等级内插评分,表中 M 代表分数。即 60 ~ 85 分内按照比例加分, 20′ 以内每少 1′ 加 2 分。

考核项目	评分标准（以时间 T 为评分主要依据）			
	$M \geqslant 85$	$85 > M \geqslant 75$	$75 > M \geqslant 60$	$M < 60$
高差法和视线高程法	$T \leqslant 20'$	$20' < T \leqslant 25'$	$25' < T \leqslant 30'$	$T > 30'$

（2）根据圆水准气泡偏离情况,扣 1 ~ 5 分。

（3）根据卷面整洁情况,扣 1 ~ 5 分。（记录划去 1 处,扣 1 分,合计不超过 5 分）。

（4）记录、计算错误,扣 5 ~ 15 分。

4. 考核说明

（1）考核过程中任何人不得提示,各人应独立完成仪器操作、记录、计算及校核工作。

（2）主考人有权随时检查是否符合操作规程及技术要求,但应相应折减所影响的时间。

（3）若有作弊行为,一经发现一律按零分处理,不得参加补考。

（4）考核前考生应准备好钢笔或圆珠笔、计算器,考核者应提前找好扶尺人。

（5）考核时间自架立仪器开始,至递交记录表为终止。

（6）考核仪器水准仪为自动安平水准仪（精度与 DS$_3$ 型相当）。

（7）数据记录、计算及校核均填写在相应记录表中,记录表不可用橡皮擦修改,记录表以外的数据不作为考核结果。

（8）主考人应在考核结束前检查并填写圆水准气泡偏离情况,在考核结束后填写考核所用时间并签名。

5. 样题

（1）高差法。地面上设置 A、B、C 三点,需要测量 Δh_{AB} 及 Δh_{BC},测量数据及计算填在下表中。

任务记录表格 1（高差法）

测　站	测　点	后 视 读 数	前 视 读 数	高　差	
				+	−
1	A				
	B				
2	C				

（2）视线高程法。地面上设置 A、B、C、D、E 五点,其中 A 点为水准点,需要测量某段线路上 B、C、D、E 与 A 点之间的高差,测量数据及计算填在下表中。

任务记录表格 2（视高法）

测　站	测　点	后 视 读 数	前 视 读 数	高　差	
				+	−
1	A		—		
	B	—			
	C	—			
	D	—			
	E				

主考人填写:

（1）开始时间:＿＿＿＿＿＿　结束时间:＿＿＿＿＿＿。

　　完成时间:＿＿＿＿＿＿。

　　得分情况:＿＿＿＿＿＿。

（2）记录、计算错误情况,扣分:＿＿＿＿＿＿。

（3）圆水准气泡居中情况,扣分:＿＿＿＿＿＿。

（4）卷面整洁情况,扣分:＿＿＿＿＿＿。

　　考核得分:

　　主考人:＿＿＿＿＿＿　考试日期:＿＿＿＿＿＿

考核试题三　附合水准路线测量

（100分）

班级：_____　　学号：_____　　姓名：_____

1. 考核内容

（1）用普通水准测量方法完成附合水准路线测量工作。

（2）完成该段水准路线的记录和计算校核并求出高差闭合差。

2. 考核要求

（1）按照给定的点位进行附合水准路线测量。

（2）严格按操作规程作业。

（3）记录、计算完整、清洁、字体工整、无错误。

（4）$f_允 \leq \pm 12$ mm，（注：由于考场地势平坦、范围不大）高差闭合差不必进行分配。

3. 考核标准

（1）以时间 T 为评分主要依据，如下表，评分标准分 4 个等级制定，具体分数由所在等级内插评分，表中 M 代表分数，即 60 ~ 85 分内按照比例加分，20′以内每少 1′加 2 分。

考核项目	评分标准（以时间 T 为评分主要依据）			
	$M \geq 85$	$85 > M \geq 75$	$75 > M \geq 60$	$M < 60$
附合水准路线测量	$T \leq 20′$	$20′ < T \leq 25′$	$25′ < T \leq 30′$	$T > 30′$

（2）根据圆水准气泡偏离情况，扣 1 ~ 5 分。

（3）根据卷面整洁情况，扣 1 ~ 5 分（记录划去 1 处，扣 1 分，合计不超过 5 分）。

（4）记录、计算错误，扣 5 ~ 15 分。

4. 考核说明

（1）考核过程中任何人不得提示，各人应独立完成仪器操作、记录、计算及校核工作。

（2）主考人有权随时检查是否符合操作规程及技术要求，但应相应折减所影响的时间。

（3）若有作弊行为，一经发现一律按零分处理，不得参加补考。

（4）考核前考生应准备好钢笔或圆珠笔、计算器，考核者应提前找好扶尺人。

（5）考核时间自架立仪器开始，至递交记录表为终止。

（6）考核仪器为自动安平水准仪（精度与 DS$_3$ 型相当）。

（7）数据记录、计算及校核均填写在相应记录表中，记录表不可用橡皮擦修改，记录表以外的数据不作为考核结果。

（8）主考人应在考核结束前检查并填写圆水准气泡偏离情况，在考核结束后填写考核所用时间并签名。

（9）水准测量考核记录表见"普通水准记录表"。

5. 样题

已知水准点 BM$_1$ 的高程为 HBM$_1$ = 50.000 m，水准点 BM$_2$ 的高程为 HBM$_2$ = 48.090 m 试用普通水准测量的方法，测出地面上指定点 1、2 的高程。（注：计算高差闭合差，但不必进行分配）

普通水准测量记录表

测 点	水准尺读数/m		高差 h/m		高程/m	备 注
	后视 a/m	前视 b/m	+	−		
BM₁		—	—	—	50.000 m	
BM₂					48.090 m	
Σ						
计算校核	$\sum a - \sum b =$		$\sum h =$		$f_h =$	

主考人填写：

（1）开始时间：＿＿＿＿＿＿＿结束时间：＿＿＿＿＿＿＿。

　　完成时间：＿＿＿＿＿＿＿。

　　得分情况：＿＿＿＿＿＿＿。

（2）记录、计算错误情况，扣分：＿＿＿＿＿＿＿。

（3）圆水准气泡居中偏离情况，扣分：＿＿＿＿＿＿＿。

（4）卷面整洁情况，扣分：＿＿＿＿＿＿＿。

　　考核得分：

　　主考人：＿＿＿＿＿＿＿考试日期：＿＿＿＿＿＿＿

考核试题四　测设水平面

（100 分）

班级：＿＿＿＿＿＿＿　　学号：＿＿＿＿＿＿＿　　姓名：＿＿＿＿＿＿＿

1. 考核内容

（1）用普通水准测量方法放样出一个设计给定高程的点。

（2）完成该工作的记录和计算，并实地标定所测设的点。

2. 考核要求

（1）严格按操作规程作业；所标定点的高程与其设计高程之差不超过 ±5 mm。

（2）计算正确、字体清洁、工整；所标定的点位正确、清晰。

3. 考核标准

（1）以时间 T 为评分主要依据，如下表，评分标准分 4 个等级制定，具体分数由所在等级内插评分，表中 M 代表分数，即 60～85 分内按照比例加分，20′以内每少 1′加 2 分。

考核项目	评分标准（以时间 T 为评分主要依据）			
	$M \geqslant 85$	$85 > M \geqslant 75$	$75 > M \geqslant 60$	$M < 60$
测设水平面	$T \leqslant 20'$	$20' < T \leqslant 25'$	$25' < T \leqslant 30'$	$T > 30'$

（2）根据圆水准气泡居中情况，扣 1～5 分。

（3）根据卷面整洁情况，扣 1～5 分。（记录划去 1 处，扣 1 分，合计不超过 5 分）

（4）根据实地标定点位的清晰度，扣 1～2 分。

4. 考核说明

（1）考核过程中任何人不得提示，各人应独立完成仪器操作、记录、计算及校核工作。

（2）主考人有权随时检查是否符合操作规程及技术要求，但应相应折减所影响的时间。

（3）若有作弊行为，一经发现一律按零分处理，不得参加补考。

（4）考核前考生应准备好钢笔或圆珠笔、计算器，考核者应提前找好扶尺人。

（5）考核时间自架立仪器开始，至递交记录表为终止。

（6）考核仪器水准仪为自动安平水准仪（精度与 DS$_3$ 型相当）。

（7）主考人应在考核结束前检查并填写水准仪圆水准气泡的居中情况，在考核结束后填写考核所用时间并签名。

5. 样题

考核时在现场任意标定一点为 A 点，设 A 点高程 $H_A = 120.359$ m，试用水准仪在运动场地地面上指定位置测设水平面，四边形场地每边不少于 3 点布置，并使该水平面的高程为 121.000 m。

考生填写：

由水准仪读得后视读数 $a =$＿＿＿＿＿＿＿ m，经计算得前视 $b =$＿＿＿＿＿＿＿ m。（请在下面列出 b 的计算过程）

_____

_____

_____

_____

主考人填写:

(1)开始时间:_____结束时间:_____。

　　完成时间:_____。

　　得分情况:_____。

(2)圆水准气泡居中情况,扣分:_____。

(3)卷面整洁情况,扣分:_____。

(4)实地标定点位的清晰度情况,扣分_____。

　　考核得分:

　　主考人:_____考试日期:_____

考核项目二　角度测量

与测设

考核试题五　测回法测量三角形内角

（100分）

班级：_____　　　学号：_____　　　姓名：_____

1. 考核内容

（1）用测回法完成一个三角形3个内角的观测。

（2）完成必要记录和计算，并求出三角形内角和闭合差。

（3）对中误差 ≤ ±3 mm，水准管气泡偏差 <1 格。

2. 考核要求

（1）严格按测回法的观测程序作业。

（2）记录、计算完整、清洁、字体工整，无错误。

（3）上、下半测回角值之差 ≤ ±40″。

（4）内角和闭合差 ≤ ± 68″（$f_{\beta允} = ±40\sqrt{n}″$），如超限均不评分。

3. 考核标准

（1）以时间 T 为评分主要依据，如下表，评分标准分4个等级制定，具体分数由所在等级内插评分，表中 M 代表分数。

考核项目	评分标准（以时间 T 为评分主要依据）			
	$M \geq 85$	$85 > M \geq 75$	$75 > M \geq 60$	$M < 60$
测回法测量三角形的内角	$T \leq 30'$	$30' < T \leq 40'$	$40' < T \leq 55'$	$T > 55'$

（2）根据对中误差情况，扣1~3分。

（3）根据水准管气泡偏差 情况，扣1~2分。

（4）根据卷面整洁情况，扣1~5分（记录划去1处，扣1分，合计不超过5分）。

（5）记录、计算错误，扣5~15分。

4. 考核说明

（1）考核过程中任何人不得提示，各人应独立完成仪器操作、记录、计算及校核工作。

（2）主考人有权随时检查是否符合操作规程及技术要求，但应相应折减所影响的时间。

（3）若有作弊行为，一经发现一律按零分处理，不得参加补考。

（4）考核前考生应准备好钢笔或圆珠笔、计算器，考核者应提前找好扶杆人。

（5）考核时间自架立仪器开始，至递交记录表并拆卸仪器放进仪器箱为终止。

（6）考核仪器经纬仪为 DJ_2 型。

（7）数据记录、计算及校核均填写在相应记录表中，记录表不可用橡皮擦修改，记录表以外的数据不作为考核结果。

（8）主考人应在考核结束前检查并填写经纬仪对中误差及水准管气泡偏差情况，在考核结束后填写考核所用时间并签名。

（9）测回法测量考核记录表见"水平角测回法记录表"。

水平角测回法记录表

测　站	竖盘位置	目标点	水平度盘读数/（°′″）	半测回角值/（°′″）	一测回角值/（°′″）	内角和角值及角度闭合差	角度改正值/（″）	改正后的内角值/（°′″）
1	2	3	4	5	6	7	8	9
A	左							
	右							
B	左							
	右							
C	左							
	右							

主考人填写：

（1）开始时间：＿＿＿＿＿＿＿＿　结束时间：＿＿＿＿＿＿＿＿。

　　完成时间：＿＿＿＿＿＿＿＿。

　　得分情况：＿＿＿＿＿＿＿＿。

（2）对中误差：＿＿＿＿＿＿＿＿ mm，扣分：＿＿＿＿＿＿＿＿。

（3）水准管气泡偏差：＿＿＿＿＿＿＿＿格，扣分：＿＿＿＿＿＿＿＿。

（4）记录、计算错误情况，扣分：＿＿＿＿＿＿＿＿。

（5）卷面整洁情况，扣分：＿＿＿＿＿＿＿＿。

　　考核得分：

　　主考人：＿＿＿＿＿＿＿＿考试日期：＿＿＿＿＿＿＿＿

考核试题六 正倒镜分中法测设已知角度

（100分）

班级：_____   学号：_____   姓名：_____

1. 考核内容

（1）根据设计给定的水平角值，用正倒镜分中法测设出该水平角。

（2）用经纬仪进行测设，并在实地标定所测设的点位。

（3）对中误差 ≤ ±3 mm，水准管气泡偏差 < 1 格。

2. 考核要求

（1）严格按观测程序作业；用盘左盘右各测设 1 个点位，当两点间距不大时（一般在离测站100 m时，不大于1 cm），取两者的平均位置作为结果。

（2）实地标定的点位清晰。所测设的水平角与所设计的水平角之差不超过 ±50″（即标定点离测站20 m时，横向误差不超过 ±5 mm）

3. 考核标准

（1）以时间 T 为评分主要依据，如下表，评分标准分4个等级制定，具体分数由所在等级内插评分，表中 M 代表分数。30′以内每少1′加2分。

考核项目	评分标准（以时间 T 为评分主要依据）			
	$M \geq 85$	$85 > M \geq 75$	$75 > M \geq 60$	$M < 60$
正倒镜分中法测设水平角	$T \leq 30'$	$30' < T \leq 40'$	$40' < T \leq 55'$	$T > 55'$

（2）根据对中误差情况，扣1~3分；根据标定的点位的清晰情况扣1~2分。

（3）根据水准管气泡偏差情况，扣1~2分。

4. 考核说明

（1）考核过程中任何人不得提示，各人应独立完成仪器操作、记录、计算及校核工作。

（2）主考人有权随时检查是否符合操作规程及技术要求，但应相应折减所影响的时间。

（3）若有作弊行为，一经发现一律按零分处理，不得参加补考。

（4）考核前考生应准备好钢笔或圆珠笔、计算器，考核者应提前找好扶尺人及量距人。

（5）考核时间自架立仪器开始，至递交记录表为终止。

（6）考核仪器经纬仪为 DJ_2 型。

（7）主考人应在考核结束前检查并填写仪器对中误差及水准管气泡偏差情况，在考核结束后填写考核所用时间并签名。

5. 样题

考核时在现场任意标定两点为 A、O，已知 $\angle AOB = 70°15'30″$，角度为顺时针方向，OB 长度为 20 m。试用正倒镜分中法在 O 点测站，后视 A 点，测设出 B 点。

主考人填写：

（1）开始时间：_____结束时间：_____。

完成时间：_____。

得分情况：_____。

（2）对中误差：＿＿＿＿＿＿＿＿＿＿mm，扣分：＿＿＿＿＿＿＿＿。

（3）水准管气泡偏差：＿＿＿＿＿＿＿＿格，扣分：＿＿＿＿＿＿＿＿。

（4）实地标定点位的清晰度情况，扣分：＿＿＿＿＿＿＿＿。

考核得分：

主考人：＿＿＿＿＿＿＿＿＿考试日期：＿＿＿＿＿＿＿＿

考核试题七 闭合导线控制测量外业工作

（100分）

班级：＿＿＿＿＿＿＿ 学号：＿＿＿＿＿＿＿ 姓名：＿＿＿＿＿＿＿

1. 考核内容

（1）用测回法完成一个闭合导线（四边形）的转折角观测。

（2）用钢尺或皮尺完成闭合导线的边长测量。

（3）完成必要记录和计算；并求出四边形内角和闭合差。

（4）对中误差 $\leqslant \pm 3$ mm，水准管气泡偏差 < 1 格。

2. 考核要求

（1）严格按测回法的观测程序作业。

（2）记录、计算完整、清洁、字体工整，无错误。

（3）上、下半测回角值之差 $\leqslant \pm 40''$。

（4）内角和闭合差 $\leqslant \pm 80''$，边长两次丈量之差 $\leqslant \pm 1$ cm。

3. 考核标准

（1）以时间 T 为评分主要依据，如下表，评分标准分 4 个等级制定，具体分数由所在等级内插评分，表中 M 代表分数。

考核项目	评分标准（以时间 T 为评分主要依据）			
	$M \geqslant 85$	$85 > M \geqslant 75$	$75 > M \geqslant 60$	$M < 60$
闭合导线的外业测量	$T \leqslant 30'$	$30' < T \leqslant 40'$	$40' < T \leqslant 55'$	$T > 55'$

（2）根据对中误差情况，扣 1～3 分。

（3）根据水准管气泡偏差 情况，扣 1～2 分。

（4）根据卷面整洁情况，扣 1～5 分（记录划去 1 处，扣 1 分，合计不超过 5 分）。

（5）记录、计算错误，扣 5～15 分。

4. 考核说明

（1）考核过程中任何人不得提示，各人应独立完成仪器操作、记录、计算及校核工作。

（2）主考人有权随时检查是否符合操作规程及技术要求，但应相应折减所影响的时间。

（3）若有作弊行为，一经发现一律按零分处理，不得参加补考。

（4）考核前考生应准备好钢笔或圆珠笔、计算器，考核者应提前找好扶尺人。

（5）考核时间自架立仪器开始，至递交记录表并拆卸仪器放进仪器箱为终止。

（6）考核仪器经纬仪为 DJ₂ 型。

（7）数据记录、计算及校核均填写在相应记录表中，记录表不可用橡皮擦修改，记录表以外的数据不作为考核结果。

（8）主考人应在考核结束前检查并填写经纬仪对中误差及水准管气泡偏差情况，在考核结束后填写考核所用时间并签名。

（9）考核记录表见"导线测量外业记录表"。

5. 样题

考核时在现场任意选定 5 个点为 N、A、B、C、D，以 AN 为起始边，依次测量闭合导线 $ABCD$ 的相关角度及边长距离，填入下表并计算。

导线测量外业记录表

| 测点 | 盘位 | 目标 | 水平度盘读数/(° ′ ″) | 水 平 角 | | 边长记录 |
				半测回值/(° ′ ″)	一测回值/(° ′ ″)	
						边长名： 第一次： 第二次： 平均：
						边长名： 第一次： 第二次： 平均：
						边长名： 第一次： 第二次： 平均：
						边长名： 第一次： 第二次： 平均：
						边长名： 第一次： 第二次： 平均：
校核		内角和闭合差 $f=$				

主考人填写：

（1）开始时间：＿＿＿＿＿＿＿结束时间：＿＿＿＿＿＿＿。

  完成时间：＿＿＿＿＿＿＿。

  得分情况：＿＿＿＿＿＿＿。

（2）对中误差：＿＿＿＿＿＿＿ mm，扣分：＿＿＿＿＿＿＿。

（3）水准管气泡偏差：＿＿＿＿＿＿＿格，扣分：＿＿＿＿＿＿＿。

（4）卷面整洁情况，扣分：＿＿＿＿＿＿＿。

（5）计算扣分：＿＿＿＿＿＿＿。

考核得分：

主考人：＿＿＿＿＿＿＿考试日期：＿＿＿＿＿＿＿

考核项目三 使用全站仪测量及测设

考核试题八 使用全站仪测设角度距离

（100 分）

班级：_____   学号：_____   姓名：_____

1. 考核内容

（1）根据设计给定的水平角值，用全站仪测设出该水平角。

（2）用全站仪进行测设距离，并在实地标定所测设的点位。

（3）对中误差 ≤ ±3 mm，水准管气泡偏差 <1 格。

2. 考核要求

（1）严格按观测程序作业。

（2）实地标定的点位清晰。

3. 考核标准

（1）以时间 T 为评分主要依据，如下表，评分标准分 4 个等级制定，具体分数由所在等级内插评分，表中 M 代表分数。10′以内每少 1′加 2 分。

考 核 项 目	评分标准（以时间 T 为评分主要依据）			
	$M \geq 85$	$85 > M \geq 75$	$75 > M \geq 60$	$M < 60$
使用全站仪测设角度距离	$T \leq 10'$	$10' < T \leq 20'$	$20' < T \leq 35'$	$T > 35'$

（2）根据对中误差情况，扣 1~3 分；根据标定的点位的清晰情况扣 1~2 分。

（3）根据水准管气泡偏差 情况，扣 1~2 分。

4. 考核说明

（1）考核过程中任何人不得提示，各人应独立完成仪器操作、记录、计算及校核工作。

（2）主考人有权随时检查是否符合操作规程及技术要求，但应相应折减所影响的时间。

（3）若有作弊行为，一经发现一律按零分处理，不得参加补考。

（4）考核前考生应准备好钢笔或圆珠笔、计算器，考核者应提前找好扶尺人及量距人。

（5）考核时间自架立仪器开始，至递交记录表为终止。

（6）考核仪器 2″精度的全站仪。

（7）主考人应在考核结束前检查并填写仪器对中误差及水准管气泡偏差情况，在考核结束后填写考核所用时间并签名。

5. 样题

考核时在现场任意标定两点为 A、O，已知 $\angle AOB = 70°15′30″$，角度为顺时针方向，OB 长度为 30 m。试用全站仪在 O 点测站,后视 A 点,测设出 B 点。

主考人填写:

(1)开始时间:＿＿＿＿＿＿＿结束时间:＿＿＿＿＿＿＿。

完成时间:＿＿＿＿＿＿＿。

得分情况:＿＿＿＿＿＿＿。

(2)对中误差:＿＿＿＿＿＿ mm,扣分:＿＿＿＿＿＿。

(3)水准管气泡偏差:＿＿＿＿＿＿格,扣分:＿＿＿＿＿＿。

(4)实地标定点位的清晰度情况,扣分:＿＿＿＿＿＿。

考核得分:

主考人:＿＿＿＿＿＿考试日期:＿＿＿＿＿＿

考核试题九　全站仪测量点的平面坐标

(100 分)

班级:＿＿＿＿＿＿　　学号:＿＿＿＿＿＿　　姓名:＿＿＿＿＿＿

1. 考核内容

(1)根据地面上两个已知控制点的平面坐标,测量出空间指定 4 点的平面坐标。

(2)对中误差 ≤ ±3 mm,水准管气泡偏差 <1 格。

2. 考核要求

操作仪器严格按全站仪的观测程序作业。

3. 考核标准

(1)以时间 T 为评分主要依据,如下表,评分标准分 4 个等级制定,具体分数由所在等级内插评分,表中 M 代表分数,10′以内每少 1′加 2 分。

考核项目	评分标准(以时间 T 为评分主要依据)			
	$M \geqslant 85$	$85 > M \geqslant 75$	$75 > M \geqslant 60$	$M < 60$
全站仪测量点的平面坐标	$T \leqslant 10'$	$10' < T \leqslant 20'$	$20' < T \leqslant 35'$	$T > 35'$

(2)根据对中误差情况,扣 1~3 分。

(3)根据水准管气泡偏差 情况,扣 1~2 分。

(4)卷面整洁情况,扣 1~5 分。

4. 考核说明

(1)考核过程中任何人不得提示,各人应独立完成仪器操作、记录、计算及校核工作。

(2)主考人有权随时检查是否符合操作规程及技术要求,但应相应折减所影响的时间。

(3)若有作弊行为,一经发现一律按零分处理,不得参加补考。

(4)考核前考生应准备好钢笔或圆珠笔、计算器,考核者应提前找好扶尺人。

(5)考核时间自架立仪器开始,至递交记录表并拆卸仪器放进仪器箱为终止。

(6)考核仪器为全站仪。

(7)数据记录、计算及校核均填写在相应记录表中,记录表不可用橡皮擦修改,记录表以外的数据不作为考核结果。

（8）主考人应在考核结束前检查并填写仪器对中误差及水准管气泡偏差情况,在考核结束后填写考核所用时间并签名。

5. 样题

考核时,现场任意标定两点为 M、N,在 M 点设站后视 N 点,测出 1、2、3、4 点的平面坐标。已知 $M(1\ 345.456, 5\ 623.411)$,$N(1\ 315.456, 5\ 623.411)$,测量时要输入以上已知量。

记录测量数据:

1 点坐标:_____。

2 点坐标:_____。

3 点坐标:_____。

4 点坐标:_____。

主考人填写:

（1）开始时间:_____结束时间:_____。

　　完成时间:_____。

　　得分情况:_____。

（2）对中误差:_____mm,扣分:_____。

（3）水准管气泡偏差:_____格,扣分:_____。

（4）卷面整洁情况,扣分:_____。

　　考核得分:

　　主考人:_____考试日期:_____

考核试题十　全站仪自由建站

（100 分）

班级:_____　　学号:_____　　姓名:_____

1. 考核内容

（1）根据地面上两已知点的平面坐标,测量出建站点的平面坐标。

（2）对中误差 ≤ ±3 mm,水准管气泡偏差 <1 格。

2. 考核要求

操作仪器严格按全站仪的观测程序作业。

3. 考核标准

（1）以时间 T 为评分主要依据,如下表,评分标准分 4 个等级制定,具体分数由所在等级内插评分,表中 M 代表分数。10′以内每少 1′加 2 分。

考 核 项 目	评分标准（以时间 T 为评分主要依据）			
	$M \geqslant 85$	$85 > M \geqslant 75$	$75 > M \geqslant 60$	$M < 60$
全站仪自由建站	$T \leqslant 10'$	$10' < T \leqslant 20'$	$20' < T \leqslant 35'$	$T > 35'$

（2）根据对中误差情况,扣 1～3 分。

（3）根据水准管气泡偏差情况,扣 1～2 分。

4. 考核说明

（1）考核过程中任何人不得提示,各人应独立完成仪器操作、记录、计算及校核工作。

（2）主考人有权随时检查是否符合操作规程及技术要求,但应相应折减所影响的时间。

（3）若有作弊行为,一经发现一律按零分处理,不得参加补考。

（4）考核前考生应准备好钢笔或圆珠笔、计算器,考核者应提前找好扶尺人。

（5）考核时间自架立仪器开始,至递交记录表并拆卸仪器放进仪器箱为终止。

（6）考核仪器为全站仪。

（7）数据记录、计算及校核均填写在相应记录表中,记录表不可用橡皮擦修改,记录表以外的数据不作为考核结果。

（8）主考人应在考核结束前检查并填写仪器对中误差及水准管气泡偏差情况,在考核结束后填写考核所用时间并签名。

5. 样题

考核时,根据现场已标定两已知点为 A、B,在现场任意设站为 M 点,后视 A 点,再后视 B 点,测出 M 点的平面坐标。

已知:$A(5\,422\,305.456,764\,288.000)$、$B(5\,422\,335.456,764\,288.000)$,测量时要输入以上已知量。

记录测量数据:＿＿＿＿＿＿＿＿＿＿＿＿＿＿＿＿＿。

主考人填写:

（1）开始时间:＿＿＿＿＿＿结束时间:＿＿＿＿＿＿。

　　完成时间:＿＿＿＿＿＿。

　　得分情况:＿＿＿＿＿＿。

（2）对中误差:＿＿＿＿＿＿ mm,扣分:＿＿＿＿＿＿。

（3）水准管气泡偏差:＿＿＿＿＿＿格,扣分:＿＿＿＿＿＿。

　　考核得分:

　　主考人:＿＿＿＿＿＿考试日期:＿＿＿＿＿＿

考核试题十一　全站仪放样平面坐标点

（100 分）

班级:＿＿＿＿＿　　学号:＿＿＿＿＿　　姓名:＿＿＿＿＿

1. 考核内容

（1）根据地面上两个已知控制点的平面坐标,放样一个给定平面坐标的空间点,并在实地标定该点的平面位置。

（2）对中误差 ≤ ±3 mm,水准管气泡偏差 <1 格。

2. 考核要求

（1）操作仪器严格按全站仪的观测程序作业。

（2）实地标定的点位清晰。

3. 考核标准

（1）以时间 T 为评分主要依据,如下表,评分标准分 4 个等级制定,具体分数由所在等级内插评分,表中 M 代表分数。

考核项目	评分标准(以时间 T 为评分主要依据)			
	$M \geqslant 85$	$85 > M \geqslant 75$	$75 > M \geqslant 60$	$M < 60$
全站仪放样三维坐标点	$T \leqslant 10'$	$10' < T \leqslant 20'$	$20' < T \leqslant 35'$	$T > 35'$

(2)根据对中误差情况,扣 1 ~ 3 分;根据标定的点位的清晰情况扣 1 ~ 2 分。

(3)根据水准管气泡偏差情况,扣 1 ~ 2 分。

(4)根据实地标定点位的清晰度,扣 1 ~ 2 分。

4. 考核说明

(1)考核过程中任何人不得提示,各人应独立完成仪器操作、记录、计算及校核工作。

(2)主考人有权随时检查是否符合操作规程及技术要求,但应相应折减所影响的时间。

(3)若有作弊行为,一经发现一律按零分处理,不得参加补考。

(4)考核前考生应准备好钢笔或圆珠笔、计算器,考核者应提前找好扶尺人。

(5)考核时间自架立仪器开始,至递交记录表并拆卸仪器放进仪器箱为终止。

(6)考核仪器为 全站仪。

(7)数据记录、计算及校核填写在相应记录表中,记录表不可用橡皮擦修改,记录表外的数据不作为考结果。

(8)主考人应在考核结束前检查并填写仪器对中误差及水准管气泡偏差情况,在考核结束后填写考核所用时间并签名。

5. 样题

考核时,现场已知两点为 O、B,在 O 点设站后视 B 点,放样出 P 点平面位置。已知点 O (5 678.231,2 451.392),B(5 698.231,2 451.392),点 P(5 691.416,2 459.664),放样时要输入以上已知量。

记录放样信息:_____。

主考人填写:

(1)开始时间:_____结束时间:_____。

完成时间:_____。

得分情况:_____。

(2)对中误差:_____ mm,扣分:_____。

(3)水准管气泡偏差:_____格,扣分:_____。

(4)实地标定点位的清晰度情况,扣分:_____。

考核得分:

主考人:_____考试日期:_____

考核项目四　专业测设

考核试题十二　直角坐标法放样点的平面位置

(100分)

班级：＿＿＿＿＿＿　　学号：＿＿＿＿＿＿　　姓名：＿＿＿＿＿＿

1. 考核内容

（1）根据构造物基线上的两点，在实地测设出某构造物的4个角点平面位置。

（2）用经纬仪和钢尺或全站仪在实地标定所测设的4个角点；测设后，在其中的1个角点上测量其水平角与90°之差是否 ≤ ±30″。

（3）对中误差 ≤ ±3 mm，水准管气泡偏差 <1 格。

2. 考核要求

（1）操作仪器严格按观测程序作业；记录、计算完整、清洁、字体工整，无错误。

（2）实地标定的点位清晰。

3. 考核标准

（1）以时间 T 为评分主要依据，如下表，评分标准分4个等级制定，具体分数由所在等级内插评分，表中 M 代表分数。15′以内每少1′加2分。

考核项目	评分标准（以时间 T 为评分主要依据）			
	$M \geqslant 85$	$85 > M \geqslant 75$	$75 > M \geqslant 60$	$M < 60$
直角坐标法放样4个角桩点	$T \leqslant 15'$	$15' < T \leqslant 25'$	$25' < T \leqslant 40'$	$T > 40'$

（2）根据对中误差情况，扣1~3分；根据标定的点位的清晰情况扣1~2分。

（3）根据水准管气泡偏差 情况，扣1~2分。

（4）根据卷面整洁情况，扣1~5分（记录划去1处，扣1分，合计不超过5分）。

（5）点位的准确程度校核，扣5~15分。

4. 考核说明

（1）考核过程中任何人不得提示，各人应独立完成仪器操作、记录、计算及校核工作。

（2）主考人有权随时检查是否符合操作规程及技术要求，但应相应折减所影响的时间。

（3）若有作弊行为，一经发现一律按零分处理，不得参加补考。

（4）考核前考生应准备好钢笔或圆珠笔、计算器，考核者应提前找好扶尺人。

（5）考核时间自架立仪器开始，至递交记录表并拆卸仪器放进仪器箱为终止。

（6）考核仪器经纬仪为 DJ_2 型或全站仪。

（7）数据记录、计算及校核均填写在相应记录表中,记录表不可用橡皮擦修改,记录表以外的数据不作为考核结果。

（8）主考人应在考核结束前检查并填写仪器对中误差及水准管气泡偏差情况,在考核结束后填写考核所用时间并签名。

5. 样题

考核时现场任意标定两点为 O、M,O 点设站,后视 M 点,用直角坐标法在实地标定建筑物的 1、2、3、4、5、6 角点,再在 1、2 点设站检查其垂直度及顺直度,如下图所示。

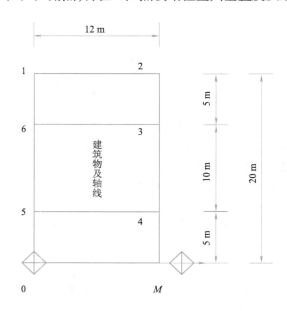

校核记录:

∠216 = _____。

L1 − 2 = _____。

L5 − 4 = _____。

主考人填写:

(1)开始时间:_____结束时间:_____。

完成时间:_____。

得分情况:_____。

(2)对中误差:_____mm,扣分:_____。

(3)水准管气泡偏差:_____格,扣分:_____。

(4)实地标定点位的清晰度情况,扣分:_____。

(5)点位的准确程度校核,扣分:_____。

考核得分:

主考人:_____考试日期:_____

考核试题十三 极坐标法放样点的平面位置

（100 分）

班级：_____   学号：_____   姓名：_____

1. 考核内容

（1）根据 2 个已知点的坐标及实地点位,测设出某给定坐标的点的平面位置。

（2）用经纬仪和钢尺或全站仪。

（3）完成该工作的计算和放样,并在实地标定所测设的点位。

（4）对中误差 ≤ ±3 mm,水准管气泡偏差 <1 格。

2. 考核要求

（1）操作仪器严格按观测程序作业;计算用"不能编程的科学计算器"进行计算。

（2）记录、计算完整、清洁、字体工整,无错误。

（3）实地标定的点位清晰。

3. 考核标准

（1）以时间 T 为评分主要依据,如下表,评分标准分 4 个等级制定,具体分数由所在等级内插评分,表中 M 代表分数。15′以内每少 1′加 2 分。

考核项目	评分标准（以时间 T 为评分主要依据）			
	$M \geqslant 85$	$85 > M \geqslant 75$	$75 > M \geqslant 60$	$M < 60$
极坐标法放样点平面位置	$T \leqslant 15'$	$15' < T \leqslant 25'$	$25' < T \leqslant 40'$	$T > 40'$

（2）根据对中误差情况,扣 1~3 分;根据标定的点位的清晰情况扣 1~2 分。

（3）根据水准管气泡偏差 情况,扣 1~2 分。

（4）根据卷面整洁情况,扣 1~5 分(记录划去 1 处,扣 1 分,合计不超过 5 分)。

（5）点位的准确程度校核,扣 5~15 分。

4. 考核说明

（1）考核过程中任何人不得提示,各人应独立完成仪器操作、记录、计算及校核工作。

（2）主考人有权随时检查是否符合操作规程及技术要求,但应相应折减所影响的时间。

（3）若有作弊行为,一经发现一律按零分处理,不得参加补考。

（4）考核前考生应准备好钢笔或圆珠笔、计算器,考核者应提前找好扶尺人。

（5）考核时间自架立仪器开始,至递交记录表并拆卸仪器放进仪器箱为终止。

（6）考核仪器经纬仪为 DJ₂ 型或全站仪。

（7）数据记录、计算及校核均填写在相应记录表中,记录表不可用橡皮擦修改,记录表以外的数据不作为考核结果。

（8）主考人应在考核结束前检查并填写仪器对中误差及水准管气泡偏差情况,在考核结束后填写考核所用时间并签名。

5. 样题

考核时,现场任意标定两点为 M、N,在 M 点设站后视 N 点,放样出一点 A。已知 M(14.265,87.375),N(20.659,76.329),A(29.476,85.208),试在 M 点设站后视 N 点,放样出 A 点,计算可以使用编程计算器或软件完成。

待测点号	测 设 数 据			
	α_{MN}	α_{MA}	$\beta_A = \alpha_{MA} - \alpha_{MN}$	d_{MA}
A				

校核记录:

d_{NA}(理论)= _____ d_{NA}(实测)= _____

主考人填写:

(1)开始时间:_____结束时间:_____。

　　完成时间:_____。

　　得分情况:_____。

(2)对中误差:_____ mm,扣分:_____。

(3)水准管气泡偏差:_____格,扣分:_____。

(4)实地标定点位的清晰度情况,扣分:_____。

(5)点位的准确程度校核,扣分:_____。

　　考核得分:

　　主考人:_____考试日期:_____

考核试题十四　　单圆曲线切线支距法详细测设

(100 分)

班级:_____　　学号:_____　　姓名:_____

1. 考核内容

(1)根据给定的 ZY 点桩号、JD 位置、单圆曲线的半径,用切线支距法来测设 ZY 点至 QZ 点间的某一给定桩号的中桩。

(2)用经纬仪和钢尺或全站仪,在 ZY 点处进行某一给定桩号中桩的测设。

(3)完成该工作的计算和放样,并在实地标定所测设的点位。

(4)对中误差 ≤ ±3 mm,水准管气泡偏差 <1 格。

2. 考核要求

(1)操作仪器严格按观测程序作业;计算用"不能编程的科学计算器"进行计算。

(2)记录、计算完整、清洁、字体工整,无错误。

(3)实地标定的点位清晰。

3. 考核标准

(1)以时间 T 为评分主要依据,如下表,评分标准分 4 个等级制定,具体分数由所在等级内插评分,表中 M 代表分数。

考核项目	评分标准(以时间 T 为评分主要依据)			
	$M \geqslant 85$	$85 > M \geqslant 75$	$75 > M \geqslant 60$	$M < 60$
单圆曲线切线支距法测设	$T \leqslant 15'$	$15' < T \leqslant 25'$	$25' < T \leqslant 40'$	$T > 40'$

(2)根据对中误差情况,扣 1~3 分;根据标定的点位的清晰情况扣 1~2 分。

(3)根据水准管气泡偏差 情况,扣 1~2 分。

（4）根据卷面整洁情况，扣 1~5 分（记录划去 1 处，扣 1 分，合计不超过 5 分）。

4. 考核说明

（1）考核过程中任何人不得提示，各人应独立完成仪器操作、记录、计算及校核工作。

（2）主考人有权随时检查是否符合操作规程及技术要求，但应相应折减所影响的时间。

（3）若有作弊行为，一经发现一律按零分处理，不得参加补考。

（4）考核前考生应准备好钢笔或圆珠笔、计算器，考核者应提前找好扶尺人。

（5）考核时间自架立仪器开始，至递交记录表并拆卸仪器放进仪器箱为终止。

（6）考核仪器经纬仪为 DJ$_2$ 型或全站仪。

（7）数据记录、计算及校核均填写在相应记录表中，记录表不可用橡皮擦修改，记录表以外的数据不作为考核结果。

（8）主考人应在考核结束前检查并填写仪器对中误差及水准管气泡偏差情况，在考核结束后填写考核所用时间并签名。

5. 样题

考核时，在现场任意标定两点为 ZY、JD，已知 ZY 点桩号为 K5+906.90，单圆曲线的半径 $R=200$ m，试用切线支距法放样出 K5+920 中桩。

放样结果：_____。

计算的切线支距坐标：

$X=$ _____。

$Y=$ _____。

主考人填写：

（1）开始时间：_____结束时间：_____。

　　完成时间：_____。

　　得分情况：_____。

（2）对中误差：_____ mm，扣分：_____。

（3）水准管气泡偏差：_____格，扣分：_____。

（4）实地标定点位的清晰度情况，扣分：_____。

（5）点位的准确程度校核，扣分：_____。

　　考核得分：

　　主考人：_____考试日期：_____。

考核试题十五　单圆曲线偏角法详细测设

（100 分）

班级：_____　　学号：_____　　姓名：_____

1. 考核内容

（1）根据给定的 ZY 点桩号、JD 位置、单圆曲线的半径，用偏角法来测设 ZY 点至 QZ 点间的第一个桩号的中桩。

（2）用经纬仪和钢尺或全站仪，在 ZY 点处进行该中桩的测设。

（3）完成该工作的计算和放样，并在实地标定所测设的点位。

（4）对中误差≤±3 mm,水准管气泡偏差<1格。

2. 考核要求

（1）操作仪器严格按观测程序作业;用"不能编程的科学计算器"进行计算。

（2）记录、计算完整、清洁、字体工整,无错误。

（3）实地标定的点位清晰。

3. 考核标准

（1）以时间 T 为评分主要依据,如下表,评分标准分4个等级制定,具体分数由所在等级内插评分,表中 M 代表分数。

考核项目	评分标准（以时间 T 为评分主要依据）			
	$M \geqslant 85$	$85 > M \geqslant 75$	$75 > M \geqslant 60$	$M < 60$
单圆曲线偏角法测设	$T \leqslant 15'$	$15' < T \leqslant 25'$	$25' < T \leqslant 40'$	$T > 40'$

（2）根据对中误差情况,扣1~3分;根据标定的点位的清晰情况扣1~2分。

（3）根据水准管气泡偏差情况,扣1~2分。

（4）根据卷面整洁情况,扣1~5分(记录划去1处,扣1分,合计不超过5分)。

4. 考核说明

（1）考核过程中任何人不得提示,各人应独立完成仪器操作、记录、计算及校核工作。

（2）主考人有权随时检查是否符合操作规程及技术要求,但应相应折减所影响的时间。

（3）若有作弊行为,一经发现一律按零分处理,不得参加补考。

（4）考核前考生应准备好钢笔或圆珠笔、计算器,考核者应提前找好扶尺人。

（5）考核时间自架立仪器开始,至递交记录表并拆卸仪器放进仪器箱为终止。

（6）考核仪器经纬仪为 DJ$_2$ 型或全站仪。

（7）数据记录、计算及校核均填写在相应记录表中,记录表不可用橡皮擦修改,记录表以外的数据不作为考核结果。

（8）主考人应在考核结束前检查并填写仪器对中误差及水准管气泡偏差情况,在考核结束后填写考核所用时间并签名。

5. 样题

考核时,在现场任意标定两点为 ZY、JD,已知 ZY 点桩号为 K5+906.90,单圆曲线的半径 $R = 200$ m,试用偏角法放样出 K5+920 中桩。

主考人填写:

（1）开始时间:＿＿＿＿＿结束时间:＿＿＿＿＿。

　　完成时间:＿＿＿＿＿。

　　得分情况:＿＿＿＿＿。

（2）对中误差:＿＿＿＿＿mm,扣分:＿＿＿＿＿。

（3）水准管气泡偏差:＿＿＿＿＿格,扣分:＿＿＿＿＿。

（4）实地标定点位的清晰度情况,扣分:＿＿＿＿＿。

（5）点位的准确程度校核,扣分:＿＿＿＿＿。

　　考核得分:

　　主考人:＿＿＿＿＿考试日期:＿＿＿＿＿

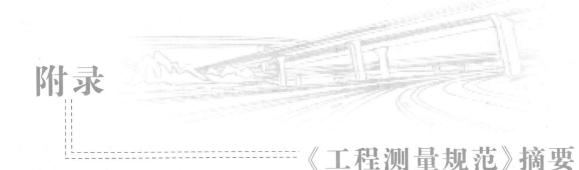

附录

《工程测量规范》摘要

1 总 则

1.0.1 为了统一工程测量的技术要求,及时、准确地为工程建设提供正确的测绘资料,保证其成果、成图的质量符合各个测绘阶段的要求,适应工程建设发展的需要,制定本规范。

1.0.2 本规范适应于城镇、工矿企业、交通运输和能源等工程建设的勘测、设计施工以及生产(运营)阶段的通用性测绘工作,其内容包括控制测量,采用非摄影测量方法的 1:500 ~ 1:5 000 比例尺测图、线路测量、绘图与复制、施工测量、竣工总图编绘与实例,以及变形测量。

对于测图面积大于 50 km² 的 1:5 000 的比例尺地形图,在满足工程建设对测图精度要求的条件下,宜按国家测绘局颁发的现行有关规定执行。

1.0.3 工程测量作业前,应了解委托对测绘工作的技术要求,进行现场勘探,并应搜集,分析和利用已有合格资料,制定经济合理的技术方案,编写技术设计书或勘察纲要。工程进行中,应加强内、外业的质量检查,工程收尾应进行检查验收,做好资料整理、工程技术报告书或说明的编写工作。

1.0.4 对测绘仪器,工具,必须做到及时检查校正,加强维护保护、定期检修。

1.0.5 工程测量应以中误差作为衡量测绘精度的标准,二倍中误差作为极限误差。

1.0.6 对于精度要求较高的工程,当多余观测数小于 20 时,宜先用一定的置信率,采用中误差的区间估计,再结合观测条件评定观测精度。

1.0.7 各类工程测量工作,除应按本规范执行外,尚应符合国家现行有关标准的规定。

2 术语和符号

2.1 术 语

2.1.1 卫星定位测量 satellite positioning
利用两台或两台以上接收机同时接收多颗定位卫星信号,确定地面点相对位置的方法。

2.1.2 卫星定位测量控制网 satellite positioning control network
利用卫星定位测量技术建立的测量控制网。

2.1.3 三角形网 triangular network

由一系列相连的三角形构成的测量控制网。它是对已往三角网、三边网和边角网的统称。

2.1.4 三角形网测量 triangular control network survey

通过测定三角形网中各三角形的顶点水平角、边的长度,来确定控制点位置的方法。它是对已往三角测量、三边测量和边角网测量的统称。

2.1.5 2″级仪器 2″class instrument

2″级仪器是指一测回水平方向中误差标称为 2″的测角仪器,包括全站仪、电子经纬仪、光学经纬仪。1″级仪器和6″级仪器的定义方法相似。

2.1.6 5 mm 级仪器 5 mmclassinstrument

5 mm 级仪器是指当测距长度为 1 km 时,由电磁波测距仪器的标称精度公式计算的测距中误差为 5 mm 的仪器,包括测距仪、全站仪。1 mm 级仪器和 10 mm 级仪器的定义方法相似。

2.1.7 数字地形图 digital topographicmap

将地形信息按一定的规则和方法采用计算机生成和计算机数据格式存储的地形图。

2.1.8 纸质地形图 paper topographic map

将地形信息直接用符号、注记及等高线表示并绘制在纸质或聚酯薄膜上的正射投影图。

2.1.9 变形监测 deformation monitoring

对建(构)筑物及其地基、建筑基坑或一定范围内的岩体及土体的位移、沉降、倾斜、挠度、裂缝和相关影响因素(如地下水、温度、应力应变等)进行监测,并提供变形分析预报的过程。

2.2 符 号

A——GPS 接收机标称的固定误差;

α——电磁波测距仪器标称的固定误差;

B——GPS 接收机标称的比例误差系数、隧道开挖面宽度;

b——电磁波测距仪器标称的比例误差系数;

C——照准差;

D——电磁波测距边长度、GPS-RTK 参考站到检查点的距离、送变电线路档距;

D_g——测距边在高斯投影面上的长度;

D_H——测区平均高程面上的测距边长度;

D_P——测线的水平距离;

D_O——归算到参考椭球面上的测距边长度;

d——GPS 网相邻点间的距离、灌注桩的桩径;

$DS_{05}、DS_1、DS_3$——一水准仪型号;

f_β——方位角闭合差;

H——水深、建(构)筑物的高度、安装测量管道垂直部分长度、桥梁索塔高度、隧道埋深;

H_m——测距边两端点的平均高程;

H_p——测区的平均高程;

h——高差、建筑施工的沉井高度、地下管线的埋深、隧道高度;

h_d——基本等高距；

h_m——测区大地水准面高出参考椭球面的高差；

i——水准仪视准轴与水准管轴的夹角；

K——大气折光系数；

L——水准测段或路线长度、天车或起重机轨道长度、桥的总长、桥的跨径、隧道两开挖洞口间长度、监测体或监测断面距隧道开挖工作面的前后距离；

l——测点至线路中桩的水平距离、桥梁所跨越的江(河流、峡谷)的宽度；

M——测图比例尺分母、中误差；

M_w——高差全中误差；

M_Δ——高差偶然中误差；

M——中误差；

m_D——测距中误差；

m_H——地下管线重复探查的平面位置中误差；

m_v——地下管线重复探查的埋深中误差；

m_α——方位角中误差；

m_β——测角中误差；

N——附合路线或闭合环的个数；

n——测站数、测段数、边数、基线数、三角形个数、建筑物结构的跨数；

P——测量的权；

R——地球平均曲率半径；

R_A——参考椭球体在测距边方向法截弧的曲率半径；

R_m——测距边中点处在参考椭球面上的平均曲率半径；

S——边长、斜距、两相邻细部点间的距离、转点桩至中桩的距离；

T——边长相对中误差分母；

W——闭合差；

W_x、W_y、W_z——坐标分量闭合差；

W_f、W_g、W_j、W_b——分别为方位角条件、固定角条件、角-极条件、边(基线)条件自由项的限差；

y_m——测距边两端点横坐标的平均值；

α——垂直角、地面倾角、比例系数；

δ_h——对向观测的高差较差；

$\delta_{1,2}$——测站点1向照准点2观测方向的方向改化值；

Δ——测段往返高差不符值；

Δd——长度较差；

ΔH——复查点位与原点位的埋深较差；

ΔS——复查点位与原点位间的平面位置偏差；

Δa——补偿式自动安平水准仪的补偿误差；

μ——单位权中误差；

σ——基线长度中误差、度盘和测微器位置变换值。

3 平面控制测量

3.1 一般规定

3.1.1 平面控制网的建立,可采用卫星定位测量、导线测量、三角形网测量等方法。

3.1.2 平面控制网精度等级的划分,卫星定位测量控制网依次为二、三、四等和一、二级,导线及导线网依次为三、四等和一、二、三级,三角形网依次为二、三、四等和一、二级。

3.1.3 平面控制网的布设,应遵循下列原则:

  1 首级控制网的布设,应因地制宜,且适当考虑发展;当与国家坐标系统联测时,应同时考虑联测方案。

  2 首级控制网的等级,应根据工程规模、控制网的用途和精度要求合理确定。

  3 加密控制网,可越级布设或同等级扩展。

3.1.4 平面控制网的坐标系统,应在满足测区内投影长度变形不大于 2.5 cm/km 的要求下,作下列选择:

  1 采用统一的高斯投影 3°带平面直角坐标系统。

  2 采用高斯投影 3°带,投影面为测区抵偿高程面或测区平均高程面的平面直角坐标系统;或任意带,投影面为 1985 国家高程基准面的平面直角坐标系统。

  3 小测区或有特殊精度要求的控制网,可采用独立坐标系统。

  4 在已有平面控制网的地区,可沿用原有的坐标系统。

  5 厂区内可采用建筑坐标系统。

3.2 卫星定位测量

(Ⅰ) 卫星定位测量的主要技术要求

3.2.1 各等级卫星定位测量控制网的主要技术指标,应符合表 3.2.1 的规定。

表 3.2.1 卫星定位测量控制网的主要技术要求

等级	平均边长(km)	固定误差 A(mm)	比例误差系数 B(mm/km)	约束点间的边长相对中误差	约束平差后最弱边相对中误差
二等	9	≤10	≤2	≤1/250 000	≤1/120 000
三等	4.5	≤10	≤5	≤1/150 000	≤1/70 000
四等	2	≤10	≤10	≤1/100 000	≤1/40 000
一级	1	≤10	≤20	≤1/40 000	≤1/20 000
二级	0.5	≤10	≤40	≤1/20 000	≤1/10 000

3.2.2 各等级控制网的基线精度,按(3.2.2)式计算。

$$\sigma = \sqrt{A^2 + (B \cdot d)^2}$$

(3.2.2)

式中 σ——基线长度中误差(mm)

A——固定误差(mm)

B——比例误差系数(mm/km);

d——平均边长(km)

3.2.3 卫星定位测量控制网观测精度的评定,应满足下列要求:

1 控制网的测量中误差,按(3.2.3-1)式计算;

$$m = \sqrt{\frac{1}{3N}\left[\frac{WW}{n}\right]}$$ （3.2.3-1）

式中 m——控制网的测量中误差(mm);

N——控制网中异步环的个数;

n——异步环的边数;

W——异步环环线全长闭合差(mm)。

2 控制网的测量中误差,应满足相应等级控制网的基线精度要求,并符合(3.2.3-2)式的规定。

$$m \leqslant \sigma$$ （3.2.3-2）

（Ⅱ）卫星定位测量控制网的设计、选点与埋石

3.2.4 卫星定位测量控制网的布设,应符合下列要求:

1 应根据测区的实际情况、精度要求、卫星状况、接收机的类型和数量以及测区已有的测量资料进行综合设计。

2 首级网布设时,宜联测2个以上高等级国家控制点或地方坐标系的高等级控制点;对控制网内的长边,宜构成大地四边形或中点多边形。

3 控制网应由独立观测边构成一个或若干个闭合环或附合路线:各等级控制网中构成闭合环或附合路线的边数不宜多于6条。

4 各等级控制网中独立基线的观测总数,不宜少于必要观测基线数的1.5倍。

5 加密网应根据工程需要,在满足本规范精度要求的前提下可采用比较灵活的布网方式。

6 对于采用GPS-RTK测图的测区,在控制网的布设中应顾及参考站点的分布及位置。

3.2.5 卫星定位测量控制点位的选定,应符合下列要求:

1 点位应选在土质坚实、稳固可靠的地方,同时要有利于加密和扩展,每个控制点至少应有一个通视方向。

2 点位应选在视野开阔,高度角在15°以上的范围内,应无障碍物;点位附近不应有强烈干扰接收卫星信号的干扰源或强烈反射卫星信号的物体。

3 充分利用符合要求的旧有控制点。

3.2.6 控制点埋石应符合附录B的规定,并绘制点之记。

（Ⅲ） GPS 观测

3.2.7 GPS控制测量作业的基本技术要求,应符合表3.2.7的规定。

3.2.8 对于规模较大的测区,应编制作业计划。

3.2.9 GPS控制测量测站作业,应满足下列要求:

1 观测前,应对接收机进行预热和静置,同时应检查电池的容量、接收机的内存和可储存空间是否充足。

2 天线安置的对中误差,不应大于 2 mm;天线高的量取应精确至 1 mm。

3 观测中,应避免在接收机近旁使用无线电通信工具。

4 作业同时,应做好测站记录,包括控制点点名、接收机序列号、仪器高、开关机时间等相关的测站信息。

表 3.2.7 GPS 控制测量作业的基本技术要求

等 级		二等	三等	四等	一级	二级
接收机类型		双频	双频或单频	双频或单频	双频或单频	双频或单频
仪器标称精度		10 mm + 2 ppm	10 mm + 5 ppm	10 mm + 5 ppm	10 mm + 5 ppm	10 mm + 5 ppm
观测量		载波相位	载波相位	载波相位	载波相位	载波相位
卫星高度角(°)	静态	≥15	≥15	≥15	≥15	≥15
	快速静态	—	—	—	≥15	≥15
有效观测卫星数	静态	≥5	≥5	≥4	≥4	≥4
	快速静态	—	—	—	≥5	≥5
观测时段长度(min)	静态	30~90	20~60	15~45	10~30	10~30
	快速静态	—	—	—	10~15	10~15
数据采样间隔(s)	静态	10~30	10~30	10~30	10~30	10~30
	快速静态	—	—	—	5~15	5~15
点位几何图形强度因子 PDOP		≤6	≤6	≤6	≤8	≤8

(Ⅳ) GPS 测量数据处理

3.2.10 基线解算,应满足下列要求:

1 起算点的单点定位观测时间,不宜少于 30 min。

2 解算模式可采用单基线解算模式,也可采用多基线解算模式。

3 解算成果,应采用双差固定解。

3.2.11 GPS 控制测量外业观测的全部数据应经同步环、异步环和复测基线检核,并应满足下列要求:

1 同步环各坐标分量闭合差及环线全长闭合差,应满足(3.2.11-1)~(3.2.11-5)式的要求:

$$W_x \leqslant \frac{\sqrt{n}}{5}\sigma \qquad (3.2.11\text{-}1)$$

$$W_y \leqslant \frac{\sqrt{n}}{5}\sigma \qquad (3.2.11\text{-}2)$$

$$W_z \leqslant \frac{\sqrt{n}}{5}\sigma \qquad (3.2.11\text{-}3)$$

$$W = \sqrt{W_x^2 + W_y^2 + W_z^2} \qquad (3.2.11\text{-}4)$$

$$W \leq \frac{\sqrt{3n}}{5}\sigma \qquad (3.2.11\text{-}5)$$

式中　n——同步环中基线边的个数；

　　　W——同步环环线全长闭合差(mm)。

2　异步环各坐标分量闭合差及环线全长闭合差,应满足(3.2.11-6)~(3.2.11-10)式的要求:

$$W_x \leq 2\sqrt{n}\sigma \qquad (3.2.11\text{-}6)$$

$$W_y \leq 2\sqrt{n}\sigma \qquad (3.2.11\text{-}7)$$

$$W_z \leq 2\sqrt{n}\sigma \qquad (3.2.11\text{-}8)$$

$$W = \sqrt{W_x^2 + W_y^2 + W_z^2} \qquad (3.2.11\text{-}9)$$

$$W \leq 2\sqrt{3n}\sigma \qquad (3.2.11\text{-}10)$$

式中　n——异步环中基线边的个数；

　　　W——异步环环线全长闭合差(mm)。

3　复测基线的长度较差,应满足(3.2.11-11)式的要求:

$$\Delta d \leq 2\sqrt{2}\sigma \qquad (3.2.11\text{-}11)$$

3.2.12　当观测数据不能满足检核要求时,应对成果进行全面分析,并舍弃不合格基线,但应保证舍弃基线后,所构成异步环的边数不应超过3.2.4条第3款的规定。否则,应重测该基线或有关的同步图形。

3.2.13　外业观测数据检验合格后,应按3.2.3条对GPS网的观测精度进行评定。

3.2.14　GPS测量控制网的无约束平差,应符合下列规定:

1　应在WGS-84坐标系中进行三维无约束平差。并提供各观测点在WGS-84坐标系中的三维坐标、各基线向量三个坐标差观测值的改正数、基线长度、基线方位及相关的精度信息等。

2　无约束平差的基线向量改正数的绝对值,不应超过相应等级的基线长度中误差的3倍。

3.2.15　GPS测量控制网的约束平差,应符合下列规定:

1　应在国家坐标系或地方坐标系中进行二维或三维约束平差。

2　对于已知坐标、距离或方位,可以强制约束,也可加权约束。约束点间的边长相对中误差,应满足表3.2.1中相应等级的规定。

3　平差结果,应输出观测点在相应坐标系中的二维或三维坐标、基线向量的改正数、基线长度、基线方位角等,以及相关的精度信息。需要时,还应输出坐标转换参数及其精度信息。

4　控制网约束平差的最弱边边长相对中误差,应满足表3.2.1中相应等级的规定。

3.3　导线测量

(Ⅰ)导线测量的主要技术要求

3.3.1　各等级导线测量的主要技术要求,应符合表3.3.1的规定。

表 3.3.1　导线测量的主要技术要求

等级	导线长度（km）	平均边长（km）	测角中误差（″）	测距中误差（mm）	测距相对中误差	测回数			方位角闭合差（″）	导线全长相对闭合差
						1″级仪器	2″级仪器	6″级仪器		
三等	14	3	1.8	20	1/150 000	6	10	—	$3.6\sqrt{n}$	≤1/55 000
四等	9	1.5	2.5	18	1/80 000	4	6	—	$5\sqrt{n}$	≤1/35 000
一级	4	0.5	5	15	1/30 000	—	2	4	$10\sqrt{n}$	≤1/15 000
二级	2.4	0.25	8	15	1/14 000	—	1	3	$16\sqrt{n}$	≤1/10 000
三级	1.2	0.1	12	15	1/7 000	—	1	2	$24\sqrt{n}$	≤1/5 000

注:1　表中 n 为测站数。

　　2　当测区测图的最大比例尺为1:1 000时,一、二、三级导线的导线长度、平均边长可适当放长,但最大长度不应大于表中规定相应长度的2倍。

3.3.2　当导线平均边长较短时,应控制导线边数不超过表3.3.1相应等级导线长度和平均边长算得的边数;当导线长度小于表3.3.1规定长度的1/3时,导线全长的绝对闭合差不应大于13 cm。

3.3.3　导线网中,结点与结点、结点与高级点之间的导线段长度不应大于表3.3.1中相应等级规定长度的0.7倍。

（Ⅱ）导线网的设计、选点与埋石

3.3.4　导线网的布设应符合下列规定:

　　1　导线网用作测区的首级控制时,应布设成环形网,且宜联测2个已知方向。

　　2　加密网可采用单一附合导线或结点导线网形式。

　　3　结点间或结点与已知点间的导线段宜布设成直伸形状,相邻边长不宜相差过大,网内不同环节上的点也不宜相距过近。

3.3.5　导线点位的选定,应符合下列规定:

　　1　点位应选在土质坚实、稳固可靠、便于保存的地方,视野应相对开阔,便于加密、扩展和寻找。

　　2　相邻点之间应通视良好,其视线距障碍物的距离,三、四等不宜小于1.5 m;四等以下宜保证便于观测,以不受旁折光的影响为原则。

　　3　当采用电磁波测距时,相邻点之间视线应避开烟囱、散热塔、散热池等发热体及强电磁场。

　　4　相邻两点之间的视线倾角不宜过大。

　　5　充分利用旧有控制点。

3.3.6　导线点的埋石应符合附录B的规定。三、四等点应绘制点之记,其他控制点可视需要而定。

（Ⅲ）水平角观测

3.3.7　水平角观测所使用的全站仪、电子经纬仪和光学经纬仪,应符合下列相关规定:

　　1　照准部旋转轴正确性指标:管水准器气泡或电子水准器长气泡在各位置的读数较差,1″级仪器不应超过2格,2″级仪器不应超过1格,6″级仪器不应超过1.5格。

2 光学经纬仪的测微器行差及隙动差指标:1″级仪器不应大于1″,2″级仪器不应大于2″。

3 水平轴不垂直于垂直轴之差指标:1″级仪器不应超过10″,2″级仪器不应超过15″,6″级仪器不应超过20″。

4 补偿器的补偿要求,在仪器补偿器的补偿区间,对观测成果应能进行有效补偿。

5 垂直微动旋转使用时,视准轴在水平方向上不产生偏移。

6 仪器的基座在照准部旋转时的位移指标:1″级仪器不应超过0.3″,2″级仪器不应超过1″,6″级仪器不应超过1.5″。

7 光学(或激光)对中器的视轴(或射线)与竖轴的重合度不应大于1 mm。

3.3.8 水平角观测宜采用方向观测法,并符合下列规定:

1 方向观测法的技术要求,不应超过表3.3.8的规定。

表3.3.8 水平角方向观测法的技术要求

等级	仪器精度等级	光学测微器两次重合读数之差(″)	半测回归零差(″)	一测回内2C互差(″)	同一方向值各测回较差(″)
四等及以上	1″级仪器	1	6	9	6
	2″级仪器	3	8	13	9
一等及以下	2″级仪器	—	12	18	12
	6″级仪器	—	18		24

注:1 全站仪、电子经纬仪水平角观测时不受光学测微器两次重合读数之差指标的限制。

    2 当观测方向的垂直角超过±3°的范围时,该方向2C互差可按相邻测回同方向进行比较,其值应满足表十一测回内2C互差的限值。

2 当观测方向不多于3个时,可不归零。

3 当观测方向多于6个时,可进行分组观测。分组观测应包括两个共同方向(其中一个为共同零方向)。其两组观测角之差,不应大于同等级测角中误差的2倍。分组观测的最后结果,应按等权分组观测进行测站平差。

4 各测回间应配置度盘。度盘配置应符合附录C的规定。

5 水平角的观测值应取各测回的平均数作为测站成果。

3.3.9 三、四等导线的水平角观测,当测站只有两个方向时,应在观测总测回中以奇数测回的度盘位置观测导线前进方向的左角,以偶数测回的度盘位置观测导线前进方向的右角。左右角的测回数为总测回数的一半。但在观测右角时,应以左角起始方向为准变换度盘位置,也可用起始方向的度盘位置加上左角的概值在前进方向配置度盘。

左角平均值与右角平均值之和与360°之差,不应大于本规范表3.3.1中相应等级导线测角中误差的2倍。

3.3.10 水平角观测的测站作业,应符合下列规定:

1 仪器或反光镜的对中误差不应大于2 mm。

2 水平角观测过程中,气泡中心位置偏离整置中心不宜超过1格。四等及以上等级的水平角观测,当观测方向的垂直角超过±3°的范围时,宜在测回间重新整置气泡位置。有垂直轴补偿器的仪器,可不受此款的限制。

3 如受外界因素(如震动)的影响,仪器的补偿器无法正常工作或超出补偿器的补偿范围时,应停止观测。

　　4　当测站或照准目标偏心时,应在水平角观测前或观测后测定归心元素。测定时,投影示误三角形的最长边,对于标石、仪器中心的投影不应大于 5 mm,对于照准标志中心的投影不应大于 10 mm。投影完毕后,除标石中心外,其他各投影中心均应描绘两个观测方向。角度元素应量至 15′,长度元素应量至 1 mm。

3.3.11　水平角观测误差超限时,应在原来度盘位置上重测,并应符合下列规定:

　　1　一测回内 2C 互差或同一方向值各测回较差超限时,应重测超限方向,并联测零方向。

　　2　下半测回归零差或零方向的 2C 互差超限时,应重测该测回。

　　3　若一测回中重测方向数超过总方向数的 1/3 时,应重测该测回。当重测的测回数超过总测回数的 1/3 时,应重测该站。

3.3.12　首级控制网所联测的已知方向的水平角观测,应按首级网相应等级的规定执行。

3.3.13　每日观测结束,应对外业记录手簿进行检查,当使用电子记录时,应保存原始观测数据,打印输出相关数据和预先设置的各项限差。

（Ⅳ）　距离测量

3.3.14　一级及以上等级控制网的边长,应采用中、短程全站仪或电磁波测距仪测距,一级以下也可采用普通钢尺量距。

3.3.15　本规范对中、短程测距仪器的划分,短程为 3 km 以下,中程为 3 ~ 15 km。

3.3.16　测距仪器的标称精度,按(3.3.16)式表示。

$$m_D = a + b \times D \tag{3.3.16}$$

式中　m_D——测距中误差(mm);

　　　　a——标称精度中的固定误差(mm);

　　　　b——标称精度中的比例误差系数(mm/km);

　　　　D——测距长度(km)。

3.3.17　测距仪器及相关的气象仪表,应及时校验。当在高海拔地区使用空盒气压表时,宜送当地气象台(站)校准。

3.3.18　各等级控制网边长测距的主要技术要求,应符合表 3.3.18 的规定。

表 3.3.18　测距地主要技术要求

平面控制网等级	测距仪精度等级	每边测回数		一测回读数较差(mm)	单程各测回较差(mm)	往返较差(mm)
		往	返			
三等	5 mm 级仪器	3	3	≤5	≤7	≤2$(a + b \times D)$
	10 mm 级仪器	4	4	≤10	≤15	
四等	5 mm 级仪器	2	2	≤5	≤7	
	10 mm 级仪器	3	3	≤10	≤15	
一级	10 mm 级仪器	2	—	≤10	≤15	—
二、三级	10 mm 级仪器	1	—	≤10	≤15	

注:1　测回是指照准目标一次,读数 2 ~ 4 次的过程。

　　2　困难情况下,边长测距可采取不同时间段测量代替往返观测。

3.3.19 测距作业,应符合下列规定:

1 测站对中误差和反光镜对中误差不应大于 2 mm。

2 当观测数据超限时,应重测整个测回,如观测数据出现分群时,应分析原因,采取相应措施重新观测。

3 四等及以上等级控制网的边长测量,应分别量取两端点观测始末的气象数据,计算时应取平均值。

4 测量气象元素的温度计宜采用通风干湿温度计,气压表宜选用高原型空盒气压表;读数前应将温度计悬挂在离开地面和人体 1.5 m 以外阳光不能直射的地方,且读数精确至 0.2 ℃;气压表应置平,指针不应滞阻,且读数精确至 50 Pa。

5 当测距边用电磁波测距三角高程测量方法测定的高差进行修正时,垂直角的观测和对向观测高差较差要求,可按本规范第 4.3.2 条和 4.3.3 条中五等电磁波测距三角高程测量的有关规定放宽 1 倍执行。

3.3.20 每日观测结束,应对外业记录进行检查。当使用电子记录时,应保存原始观测数据,打印输出相关数据和预先设置的各项限差。

3.3.21 普通钢尺量距的主要技术要求,应符合表 3.3.21 的规定。

表 3.3.21 普通钢尺测距的主要技术要求

等级	边长量距较相对误差	作业尺数	量距总次数	定线最大偏差(mm)	尺段高差较差(mm)	读定次数	估读值至(mm)	温度读数值至(℃)	同尺各次或同段各尺的较差(mm)
二级	1/20 000	1~2	2	50	≤10	3	0.5	0.5	≤2
三级	1/10 000	1~2	2	70	≤10	2	0.5	0.5	≤3

注:1 量距边长应进行温度、坡度和尺长改正。

2 当检定钢尺时,其丈量的相对误差不大于 1/100 000。

（V） 导线测量数据处理

3.3.22 当观测数据中含有偏心测量成果时,应首先进行归心改正计算。

3.3.23 水平距离计算,应符合下列规定:

1 测量的斜距,须经气象改正和仪器的加、乘常数改正后才能进行水平距离计算。

2 两点间的高差测量,宜采用水准测量。当采用电磁波测距三角高程测量时,其高差应进行大气折光改正和地球曲率改正。

3 水平距离可按(3.3.23)式计算:

$$D_p = \sqrt{S^2 - h^2} \tag{3.3.23}$$

式中 D_p——测线的水平距离(m);

S——经气象及加、乘常数等改正后的斜距(m);

h——仪器的发射中心与反光镜的反射中心之间的高差(m)。

3.3.24 导线网水平角观测的测角中误差,应按(3.3.24)式计算:

$$m_\beta = \sqrt{\frac{1}{N}\left[\frac{f_\beta f_\beta}{n}\right]} \tag{3.3.24}$$

式中 f_β——导线环的角度闭合差或符合导线的方位角闭合差(″);

n——计算 f_β 时的相对测站数;

N——闭合环及附合导线的总数。

3.3.25　测距边的精度评定,应按(3.3.25-1)、(3.3.25-2)式计算;当网中的边长相差不大时,可按(3.3.25-3)式计算网的平均测距中误差。

　　1　单位权中误差:

$$\mu = \sqrt{\frac{[Pdd]}{2n}} \qquad (3.3.25-1)$$

式中　d——各边往、返测的距离较差(mm);

　　　　N——测距边数;

　　　　P——各边距离的先验收,其值为 $\frac{1}{\sigma_D^2}$,σ_D 为测距的先验中误差,可按测距仪器的标称精度计算。

　　2　任一边的实际测距中误差:

$$m_{Di} = \mu \sqrt{\frac{1}{P_i}} \qquad (3.3.25-2)$$

式中　m_{Di}——第 i 边的实际测距中误差(mm);

　　　　P_i——第 i 边距离测量的先验权。

　　3　网的平均测距中误差:

$$m_{Di} = \sqrt{\frac{[dd]}{2n}} \qquad (3.3.25-3)$$

式中　m_{Di}——平均测距中误差(mm)。

3.3.26　测距边长度的归化投影计算,应符合下列规定:

　　1　归算到测区平均高程面上的测距边长度,应按(3.3.26-1)式计算:

$$D_H = D_P\left(1 + \frac{H_p - H_m}{R_A}\right) \qquad (3.3.26-1)$$

式中　D_H——归算到测区平均高程上的测距边长度(m);

　　　　D_p——测线的水平距离(m);

　　　　H_P——测区的平均高程(m);

　　　　H_m——测距边两端点的平均高程(m);

　　　　R_A——参考椭球体在测距边方法截弧的曲率半径(m)。

　　2　归算到参考椭球面上的测距边长度,应按(3.3.26-2)式计算:

$$D_O = D_P\left(1 - \frac{H_m + h_m}{R_A + H_m + h_m}\right) \qquad (3.3.26-2)$$

式中　D_O——归算到参考椭球面上的测距边长度(m);

　　　　h_m——测区大地水准面高出参考椭球面的高差(m)。

　　3　测距边在高斯投影面上的长度,应按(3.3.26-3)式计算:

$$D_g = D_O\left(1 + \frac{y_m^2}{2R_m^2} + \frac{\Delta y^2}{24R_m^2}\right) \qquad (3.3.26-3)$$

式中　D_g——测距边在高斯投影面上的长度(m);

y_m——测距边两端点横坐标的平均值(m);

R_m——测距边中点处在参考椭球面上的平均曲率半径(m);

Δy——测距边两端点横坐标的增量(m)。

3.3.27 一级及以上等级的导线网计算,应采用严密平差法;二、三级导线网,可根据需要采用严密或简化方法平差。当采用简化方法平差时,成果表中的方位角和边长应采用坐标反算值。

3.3.28 导线网平差时,角度和距离的先验中误差,可分别按3.3.24条和3.3.25条中的方法计算,也可用数理统计等方法求得的经验公式估算先验中误差的值,并用以计算角度及边长的权。

3.3.29 平差计算时,对计算略图和计算机输入数据应进行仔细校对,对计算结果应进行检查。打印输出的平差成果,应包含起算数据、观测数据以及必要的中间数据。

3.3.30 平差后的精度评定,应包含有单位权中误差、点位误差椭圆参数或相对点位误差椭圆参数、边长相对中误差或点位中误差等。当采用简化平差时,平差后的精度评定,可作相应简化。

3.3.31 内业计算中数字取位,应符合表3.3.31的规定。

表 3.3.31 内业计算中数字取位要求

等 级	观测方向值及各项修正数(″)	边长观测值及各项修正数(m)	边长与坐标(m)	方位角(″)
三、四等	0.1	0.001	0.001	0.1
一级及以下	1	0.001	0.001	1

3.4 三角形网测量

(Ⅰ) 三角形网测量的主要技术要求

3.4.1 各等级三角形网测量的主要技术要求,应符合表3.4.1的规定。

表 3.4.1 三角形网测量的主要技术要求

等级	平均边长(km)	测角中误差(″)	测边相对中误差	最弱边边长相对中误差	测回数			三角形最大闭合差(″)
					1″级仪器	2″级仪器	6″级仪器	
二等	9	1	≤1/250 000	≤1/120 000	12	—	—	3.5
三等	4.5	1.8	≤1/150 000	≤1/70 000	6	9	—	7
四级	2	2.5	≤1/100 000	≤1/40 000	4	6	—	9
一级	1	5	≤1/40 000	≤1/20 000	—	2	4	15
二级	0.5	10	≤1/20 000	≤1/10 000	—	1	2	30

注:当测区测图的最大比例尺为1:1 000时,一、二级网的平均边长可适当放长,但不应大于表中规定长度的2倍。

3.4.2 三角形网中的角度宜全部观测,边长可根据需要选择观测或全部观测;观测的角度和边长均应作为三角形网中的观测量参与平差计算。

3.4.3 首级控制网定向时,方位角传递宜联测2个已知方向。

(Ⅱ) 三角形网的设计、选点与埋石

3.4.4 作业前,应进行资料收集和现场踏勘,对收集到的相关控制资料和地形图(以1:10 000 ~

1:100 000 为宜)应进行综合分析,并在图上进行网形设计和精度估算,在满足精度要求的前提下,合理确定网的精度等级和观测方案。

3.4.5 三角形网的布设,应符合下列要求:

    1 首级控制网中的三角形,宜布设为近似等边三角形。其三角形的内角不应小于30°;当受地形条件限制时,个别角可放宽,但不应小于于25°。

    2 加密的控制网,可采用插网、线形网或插点等形式。

    3 三角形网点位的选定,除应符合本规范3.3.5条1~4款的规定外,二等网视线距障碍物的距离不宜小于2 m。

3.4.6 三角形网点位的埋石应符合附录B的规定,二、三、四等点应绘制点之记,其他控制点可视需要而定。

(Ⅲ) 三角形网观测

3.4.7 三角形网的水平角观测,宜采用方向观测法。二等三角形网也可采用全组合观测法。

3.4.8 三角形网的水平角观测,除满足3.4.1条外,其他要求按本章第3.3.7条、3.3.8条及3.3.10~3.3.13条执行。

3.4.9 二等三角形网测距边的边长测量除满足第3.4.1条和表3.4.9外、,其他技术要求按本章第3.3.14~3.3.17条及3.3.19条、3.3.20条执行。

表 3.4.9 二等三角行网边长测量主要技术要求

平面控制网等级	仪器精度等级	每边测回数		一测回读数较差(mm)	单程各测回较差(mm)	往返较差(mm)
		往	返			
二等	5 mm 级仪器	3	3	≤5	≤7	≤2(a + b · D)

注:1 测回是指照准目标一次,读数2~4次的过程。

    2 根据具体情况,测边可采取不同时间段测量代替往返测量。

3.4.10 三等及以下等级的三角形网测距边的边长测量,除满足3.4.1条外,其他要求按本章第3.3.14~3.3.20条执行。

3.4.11 二级三角形网的边长也可采用钢尺量距,按本章3.3.21条执行。

(Ⅳ) 三角形网测量数据处理

3.4.12 当观测数据中含有偏心测量成果时,应首先进行归心改正计算。

3.4.13 三角形网的测角中误差,应按(3.4.13)式计算:

$$m_\beta = \sqrt{\frac{[WW]}{3n}} \tag{3.4.13}$$

式中　m_β——测角中误差(″);

      W——三角形闭合差(″);

      n——三角形的个数。

3.4.14 水平距离计算和测边精度评定按本章3.3.23条和3.3.25条执行。

3.4.15 当测区需要进行高斯投影时,四等及以上等级的方向观测值,应进行方向改化计算。四等网也可采用简化公式。

方向改化计算公式：

$$\delta_{1.2} = \frac{\rho}{6R_m^2}(\chi_1 - \chi_2)(2y_1 + y_2)$$ (3.4.15-1)

$$\delta_{2.1} = \frac{\rho}{6R_m^2}(\chi_2 - \chi_1)(y_1 + 2y_2)$$ (3.4.15-2)

方向改化简化计算公式：

$$\delta_{1.2} = -\delta_{2.1} = \frac{\rho}{2R_m^2}(\chi_1 - \chi_2)y_m$$ (3.4.15-3)

式中　　$\delta_{1.2}$——测站点 1 向照准点 2 观测方向改化值(″)；

$\delta_{2.1}$——测站点 2 向照准点 1 观测方向的方向改化值(″)；

χ_1、y_1、χ_2、y_2——1、2 两点的坐标值(m)。

R_m——测距边中点处在参考椭球面上的平均曲率半径(m)；

y_m——1、2 两点的横坐标平均值(m)。

3.4.16 高山地区二、三等三角形网的水平角观测，如果垂线偏差和垂直角较大，其水平方向观测值应进行垂线偏差的修正。

3.4.17 测距边长度的归化投影计算，按本章第 3.3.26 条执行。

3.4.18 三角形网外业观测结束后，应计算网的各项条件闭合差。各项条件闭合差不应大于相应的限值。

　　1　角一极条件自由项的限值。

$$W_j = 2\frac{m_\beta}{\rho}\sqrt{\sum \cot^2\beta}$$ (3.4.18-1)

式中　　W_j——角一极条件自由项的限值；

m_β——相应等级的测角中误差(″)；

β——求距角。

　　2　边(基线)条件自由项的限值。

$$W_b = 2\sqrt{\frac{m_\beta^2}{\rho^2}\sum \cot^2\beta + \left(\frac{m_{S_1}}{S_1}\right)^2 + \left(\frac{m_{S_2}}{S_2}\right)^2}$$ (3.4.18-2)

式中　　W_b——边(基线)条件自由项的限值；

$\frac{m_{S_1}}{S_1}$、$\frac{m_{S_2}}{S_2}$——起始边边长相对中误差。

　　3　方位角条件自由项的限值。

$$W_f = 2\sqrt{m_{\alpha1}^2 + m_{\alpha2}^2 + nm_\beta^2}$$ (3.4.18-3)

式中　　W_f——方位角条件自由项的限值(″)；

$m_{\alpha1}$、$m_{\alpha2}$——起始方位角中误差(″)；

n——推算路线所经过的测站数(″)。

　　4　固定角自由项的限值。

$$W_g = 2\sqrt{m_g^2 + m_g^2}$$ (3.4.18-4)

式中　　W_g——固定角自由项的限值(″)；

m_g——固定角的角度中误差(″)。

    5　边—角条件的限值。

三角形中观测的一个角度与由观测边长根据各边平均测距相对中误差计算所得的角度限差,应按下式进行检核:

$$W_\gamma = 2 \sqrt{ 2 \left(\frac{m_D}{D} \rho \right)^2 (\cot^2 \alpha + \cot^2 \beta + \cot\alpha\cot\beta) + m_\beta^2 } \qquad (3.4.18\text{-}5)$$

式中　W_γ——测量角与计算的角值限差(″);

      $\dfrac{m_D}{D}$——各边平均测距相对中误差;

      α、β——三角形中观测角之外的另两个角;

      m_β——相应等级的测角中误差(″)。

    6　边—极条件自由项的限值。

$$W_Z = 2\rho \frac{m_D}{D} \sqrt{ \sum \alpha_w^2 + \sum \alpha_f^2 } \qquad (3.4.18\text{-}6)$$

$$\alpha_w = \cot\alpha_i + \cot\beta_i \qquad (3.4.18\text{-}7)$$

$$\alpha_f = \cot\alpha_i \pm \cot\beta_{i-1} \qquad (3.4.18\text{-}8)$$

式中　W_Z——边—极条件自由项的限值(″);

      α_w——与极点相对的外围边两端的两底的余切函数之和;

      α_f——中点多边形中与极点相连的辐射边两侧的相邻底角的余切函数之和;四边形中内辐射边两侧的相邻底角的余切函数之和以及外侧的两辐射边的相邻底角的余切函数之差;

      i——三角形编号。

3.4.19　三角形网平差时,观测角(或观测方向)和观测边均应视为观测值参与平差,角度和距离的先验中误差,应按本规范第3.4.13条和3.3.25条中的方法计算,也可用数理统计等方法求得的经验公式估算先验中误差的值,并用以计算角度(或方向)及边长的权。平差计算按本章第3.3.29~3.3.30条执行。

3.4.20　三角形网内业计算中数字取位,二等应符合表3.4.20的规定,其余各等级应符合本规范表3.3.31的规定。

表3.4.20　三角形网内业计算中数字取位要求

等级	观测方向值及各项修正(″)	边长观测值及各项修正数(m)	边长与坐标(m)	方位角(″)
二等	0.01	0.0001	0.001	0.01

4　高程控制测量

4.1　一般规定

4.1.1　高程控制测量精度等级的划分,依次为二、三、四、五等。各等级高程控制宜采用水准测量,四等及以下等级可采用电磁波测距三角高程测量,五等也可采用 GPS 拟合高程测量。

4.1.2 首级高程控制网的等级,应根据工程规模、控制网的用途和精度要求合理选择。首级网应布设成环形网,加密网宜布设成附合路线或结点网。

4.1.3 测区的高程系统,宜采用 1985 国家高程基准。在已有高程控制网的地区测量时,可沿用原有的高程系统;当小测区联测有困难时,也可采用假定高程系统。

4.1.4 高程控制点间的距离,一般地区应为 1~3 km,工业厂区、城镇建筑区宜小于 1 km。但一个测区及周围至少应有 3 个高程控制点。

4.2 水准测量

4.2.1 水准测量的主要技术要求,应符合表 4.2.1 的规定。

表 4.2.1 水准测量的主要技术要求

等级	每千米高差全中误差(mm)	路线长度(km)	水准仪型号	水准尺	观测次数		往返较差、附合或环线闭合差	
					与已知点联测	附合或环线	平地(mm)	山地(mm)
二等	2	—	DS1	因瓦	往返各一次	往返各一次	$4\sqrt{L}$	—
三等	6	≤50	DS1	因瓦	往返各一次	往一次	$12\sqrt{L}$	$4\sqrt{n}$
			DS3	双面		往返各一次		
四等	10	≤16	DS3	双面	往返各一次	往一次	$20\sqrt{L}$	$6\sqrt{n}$
五等	15	—	DS3	单面	往返各一次	往一次	$30\sqrt{L}$	—

注:1 结点之间或结点与高级点之间,其路线的长度,不应大于表中规定 0.7 倍。
　　2 L 为往返测段、附合或环线的水准路线长度(km);n 为测站数。
　　3 数字水准仪测量的技术要求和同等级的光学水准仪相同。

4.2.2 水准测量所使用的仪器及水准尺,应符合下列规定:

1 水准仪视准轴与水准管轴的夹角 i,DS1 型不应超过 15″;DS3 型不应超过 20″。

2 补偿式自动安平水准仪补偿误差 $\triangle a$ 二等水准不应超过 0.2″,三等不应超过 0.5″。

3 水准尺上的米间隔平均长与名义长之差,对于因瓦水准尺,不应超过 0.15 mm;对于条形码尺,不应超过 0.10 mm;对于木质双面水准尺,不应超过 0.5 mm。

4.2.3 水准点的布设与埋石,除满足 4.1.4 条外还应符合下列规定:

1 应将点位选在土质坚实、稳固可靠的地方或稳定的建筑物上,且便于寻找、保存和引测;当采用数字水准仪作业时,水准路线还应避开电磁场的干扰。

2 宜采用水准标石,也可采用墙水准点。标志及标石的埋设应符合附录 D 的规定。

3 埋设完成后,二、三等点应绘制点之记,其他控制点可视需要而定。必要时还应设置指示桩。

4.2.4 水准观测,应在标石埋设稳定后进行。各等级水准观测的主要技术要求,应符合表 4.2.4 的规定。

表 4.2.4　水准观测的主要技术要求

等级	水准仪型号	视线长度(m)	前后视的距离较差(m)	前后视的距离较差累积(m)	视线离地面最近高度(m)	基、辅分划或黑、红面读数较差(mm)	基、辅分划或黑、红面所测高差较(mm)
二等	DS1	50	1	3	0.5	0.5	0.7
三等	DS1	100	3	6	0.3	1.0	1.5
	DS3	75				2.0	3.0
四等	DS3	100	5	10	0.2	3.0	5.0
五等	DS3	100	近似相等	—	—	—	—

注:1　二等水准视线长度小于 20 m 时,其视线高度不应低于 0.3 m。

　　2　三、四等水准采用变动仪器高度观测单面水准尺时,所测两次高差较差,应与黑面、红面所测高差之差的要求相同。

　　3　数字水准仪观测,不受基、辅分划或黑、红面读数较差指标的限制,但测站两次观测的高差较差,应满足表中相应等级基、辅分划或黑、红面所测高差较差的限值。

4.2.5　两次观测高差较差超限时应重测。重测后,对于二等水准应选取两次异向观测的合格结果,其他等级则应将重测结果与原测结果分别比较,较差均不超过限值时,取三次结果的平均数。

4.2.6　当水准路线需要跨越江河(湖塘、宽沟、洼地、山谷等)时,应符合下列规定:

　　1　水准作业场地应选在跨越距离较短、土质坚硬、密实便于观测的地方;标尺点须设立木桩。

　　2　两岸测站和立尺点应对称布设。当跨越距离小于 200 m 时,可采用单线过河;大于200 m 时,应采用双线过河并组成四边形闭合环。往返较差、环线闭合差应符合表 4.2.1 的规定。

　　3　水准观测的主要技术要求,应符合表 4.2.6 的规定。

表 4.2.6　跨河水准测量的主要技术要求

跨越距离(m)	观测次数	单程测回数	半侧回远尺读数次数	测回差(mm) 三等	四等	五等
<200	往返各一次	1	2	—	—	—
200～400	往返各一次	2	3	8	12	25

注:1　一测回的观测顺序,先读近尺,再读远尺;仪器搬至对岸后,不动焦距先读远尺,再读近尺。

　　2　当采用双向观测时,两条跨河视线长度宜相等,两岸岸上长度宜相等,并大于 10 m;当采用单向观测时,可分别在上午、下午各完成半数工作量。

　　4　当跨越距离小于 200 m 时,也可采用在测站上变换仪器高度的方法进行,两次观测高差较差不应超过 7 mm,取其平均值作为观测高差。

4.2.7　水准测量的数据处理,应符合下列规定:

　　1　当每条水准路线分测段施测时,应按(4.2.7-1)式计算每千米水准测量的高差偶然中误差,其绝对值不应超过本章表 4.2.1 中相应等级每千米高差全中误差的 1/2。

$$M_\Delta = \sqrt{\frac{1}{4n}\left[\frac{\Delta\Delta}{L}\right]} \qquad (4.2.7\text{-}1)$$

式中 M_Δ——高差偶然中误差（mm）；

Δ——测段往返高差不符值（mm）；

L——测段长度（km）；

n——测段数。

2 水准测量结束后，应按（4.2.7-2）式计算每千米水准测量高差全中误差，其绝对值不应超过本章表4.2.1中相应等级的规定。

$$M_W = \sqrt{\frac{1}{N}\left[\frac{WW}{L}\right]} \qquad (4.2.7\text{-}2)$$

式中 M_W——高差全中误差（mm）；

W——附合或环线闭合差（mm）；

L——计算各 W 时，相应的路线长度（km）

N——附合路线和闭合环总个数。

3 当二、三等水准测量与国家水准点附合时，高山地区除应进行正常水准面不平行修正外，还应进行其重力异常的归算修正。

4 各等级水准网，应按最小二乘法进行平差并计算每千米高差全中误差。

5 高程成果的取值，二等水准应精确至0.1 mm，三、四、五等水准应精确至1 mm。

4.3 电磁波测距三角高程测量

4.3.1 电磁波测距三角高程测量，宜在平面控制点的基础上布设成三角高程网或高程导线。

4.3.2 电磁波测距三角高程测量的主要技术要求，应符合表4.3.2的规定。

表 4.3.2 电磁波测距三角高程测量的主要技术要求

等级	每千米高差全中误差（mm）	边长（km）	观测方式	对向观测高差较差（mm）	附合或环形闭合差（mm）
四等	10	≤1	对向观测	$40\sqrt{D}$	$20\sqrt{\sum D}$
五等	15	≤1	对向观测	$60\sqrt{D}$	$30\sqrt{\sum D}$

注：1 D 为测距边的长度（km）。

2 起迄点的精度等级，四等应起迄于不低于三等水准的高程点上，五等应起迄于不低于四等的高程点上。

3 路线长度不应超过相应等级水准路线的长度限值。

4.3.3 电磁波测距三角高程观测的技术要求，应符合下列规定：

1 电磁波测距三角高程观测的主要技术要求，应符合表4.3.3的规定。

表 4.3.3 电磁波测距三角高程观测的主要技术要求

等级	垂直角观测				边长测量	
	仪器精度等级	测回数	指标差较差（″）	测回较差（″）	仪器精度等级	观测次数
四等	2″级仪器	3	≤7″	≤7″	10 mm 级仪器	往返各一次
五等	2″级仪器	2	≤10″	≤10″	10 mm 级仪器	往一次

注：当采用2″级光学经纬仪进行垂直角度观测时，应根据仪器的垂直角检测精度，适当增加测回数。

2 垂直角的对向观测，当直觇完成后应即刻迁站进行返觇测量。

   3 仪器、反光镜或觇牌的高度,应在观测前后各量测一次并精确至 1 mm,取其平均值作为最终高度。

4.3.4 电磁波测距三角高程测量的数据处理,应符合下列规定:

   1 直返觇的高差,应进行地球曲率和折光差的改正。

   2 平差前,应按本章(4.2.7-2)式计算每千米高差全中误差。

   3 各等级高程网,应按最小二乘法进行平差并计算每千米高差全中误差。

   4 高程成果的取值,应精确至 1 mm。

4.4 GPS 拟合高程测量

4.4.1 GPS 拟合高程测量,仅适用于平原或丘陵地区的五等及以下等级高程测量。

4.4.2 GPS 拟合高程测量宜与 GPS 平面控制测量一起进行。

4.4.3 GPS 拟合高程测量的主要技术要求,应符合下列规定:

   1 GPS 网应与四等或四等以上的水准点联测。联测的 GPS 点,宜分布在测区的四周和中央。若测区为带状地形,则联测的 GPS 点应分布于测区两端及中部。

   2 联测点数,宜大于选用计算模型中未知参数个数的 1.5 倍,点间距宜小于 10 km。

   3 地形高差变化较大的地区,应适当增加联测的点数。

   4 地形趋势变化明显的大面积测区,宜采取分区拟合的方法。

   5 GPS 观测的技术要求,应按本规范 3.2 节的有关规定执行;其天线高应在观测前后各量测一次,取其平均值作为最终高度。

4.4.4 GPS 拟合高程计算,应符合下列规定:

   1 充分利用当地的重力大地水准面模型或资料。

   2 应对联测的已知高程点进行可靠性检验,并剔除不合格点。

   3 对于地形平坦的小测区,可采用平面拟合模型;对于地形起伏较大的大面积测区,宜采用曲面拟合模型。

   4 对拟合高程模型应进行优化。

   5 GPS 点的高程计算,不宜超出拟合高程模型所覆盖的范围。

4.4.5 对 GPS 点的拟合高程成果,应进行检验。检测点数不少于全部高程点的 10% 且不少于 3 个点;高差检验,可采用相应等级的水准测量方法或电磁波测距三角高程测量方法进行,其高差较差不应大于 $30\sqrt{D}$ mm(D 为检查路线的长度,单位为 km)。

5 施 工 测 量

5.1 一般规定

5.1.1 本章适用于工业与民用建筑、水工建筑物、桥梁及隧道的施工测量。

5.1.2 施工测量前,应收集有关测量资料,熟悉施工设计图纸,明确施工要求,制定施工测量方案。

5.1.3 大中型的施工项目,应先建立场区控制网,再分别建立建筑物施工控制网;小规模或精度高的独立施工项目,可直接布设建筑物施工控制网。

5.1.4 场区控制网,应充分利用勘察阶段的已有平面和高程控制网。原有平面控制网的边长,应投影到测区的主施工高程面上,并进行复测检查。精度满足施工要求时,可作为场区控制网使用。否则,应重新建立场区控制网。

5.1.5 新建立的场区平面控制网,宜布设为自由网。控制网的观测数据,不宜进行高斯投影改化,可将观测边长归算到测区的主施工高程面上。

新建场区控制网,可利用原控制网中的点组(由三个或三个以上的点组成)进行定位。小规模场区控制网,也可选用原控制网中一个点的坐标和一个边的方位进行定位。

5.1.6 建筑物施工控制网,应根据场区控制网进行定位、定向和起算;控制网的坐标轴,应与工程设计所采用的主副轴线一致;建筑物的 ±0。高程面,应根据场区水准点测设。

5.1.7 控制网点,应根据设计总平面图和施工总布置图布设,并满足建筑物施工测设的需要。

5.2 场区控制测量

(Ⅰ) 场区平面控制网

5.2.1 场区平面控制网,可根据场区的地形条件和建(构)筑物的布置情况,布设成建筑方格网、导线及导线网、三角形网或 GPS 网等形式。

5.2.2 场区平面控制网,应根据工程规模和工程需要分级布设。对于建筑场地大于 1 km² 的工程项目或重要工业区,应建立一级或一级以上精度等级的平面控制网;对于场地面积小于 1 km² 的工程项目或一般性建筑区,可建立二级精度的平面控制网。场区平面控制网相对于勘察阶段控制点的定位精度,不应大于 5 cm。

5.2.3 控制网点位,应选在通视良好、土质坚实、便于施测、利于长期保存的地点,并应埋设相应的标石,必要时还应增加强制对中装置。标石的埋设深度,应根据地冻线和场地设计标高确定。

5.2.4 建筑方格网的建立,应符合下列规定:

1 建筑方格网测量的主要技术要求,应符合表 5.2.4-1 的规定。

表 5.2.4-1　建筑方格网的主要技术要求

等级	边长(m)	测角中误差(″)	边长相对中误差
一级	100～300	5	≤1/30 000
二级	100～300	8	≤1/20 000

2 方格网点的布设,应与建(构)筑物的设计轴线平行,并构成正方形或矩形格网。

3 方格网的测设方法,可采用布网法或轴线法。当采用布网法时,宜增测方格网的对角线;当采用轴线法时,长轴线的定位点不得少于 3 个,点位偏离直线应在 180° ±5″ 以内,短轴线应根据长轴线定向,其直角偏差应在 90° ±5″ 以内。水平角观测的测角中误差不应大于 2.5″。

4 方格网点应埋设顶面为标志板的标石,标石埋设应符合附录 E 的规定。

5 方格网的水平角观测可采用方向观测法,其主要技术要求应符合表 5.2.4-2 的规定。

表 5.2.4-2　水平角观测的主要技术要求

等　级	仪器精度等级	测角中误差(″)	测回数	半测回归零差(″)	一测回内 2C 互差(″)	各测回方向较差(″)
一级	1″级仪器	5	2	≤6	≤9	≤6
	2″级仪器	5	3	≤8	≤13	≤9
二级	2″级仪器	8	2	≤12	≤18	≤12
	6″级仪器	8	4	≤18	—	≤24

　　6　方格网的边长宜采用电磁波测距仪器往返观测各 1 测回,并应进行气象和仪器加、乘常数改正。

　　7　观测数据经平差处理后,应将测量坐标与设计坐标进行比较,确定归化数据,并在标石标志板上将点位归化至设计位置。

　　8　点位归化后,必须进行角度和边长的复测检查。角度偏差值,一级方格网不应大于 $90°±8″$,二级方格网不应大于 $90°±12″$;距离偏差值,一级方格网不应大于 $D/25\,000$,二级方格网不应大于 $D/15\,000$ (D 为方格网的边长)。

5.2.5　当采用导线及导线网作为场区控制网时,导线边长应大致相等,相邻边的长度之比不宜超过 1:3,其主要技术要求应符合表 5.2.5 的规定。

5.2.6　当采用三角形网作为场区控制网时,其主要技术要求应符合表 5.2.6 的规定。

5.2.7　当采用 GPS 网作为场区控制网时,其主要技术要求应符合表 5.2.7 的规定。

5.2.8　场区导线网、三角形网及 GPS 网测量的其他技术要求,可按本规范第 3 章的有关规定执行。

表 5.2.5　场区导线测量的主要技术要求

等　级	导线长度(km)	平均边长(m)	测角中误差(″)	测距相对中误差	测回数 2″级仪器	测回数 6″级仪器	方位角闭合差(″)	导线全长相对闭合差
一级	2.0	100~300	5	1/30000	3	—	$10\sqrt{n}$	≤1/15 000
二级	1.0	100~200	8	1/14 000	2	4	$16\sqrt{n}$	≤1/10 000

注: n 为测站数。

表 5.2.6　场区三角形网测量的主要技术要求

等　级	边长(m)	测角中误差(″)	测边相对中误差	最弱边边长相对中误差	测回数 2″级仪器	测回数 6″级仪器	三角形最大闭合差(″)
一级	300~500	5	≤1/40 000	≤1/20 000	3	—	15
二级	100~300	8	≤1/20 000	≤1/10 000	2	4	24

表 5.2.7　场区 GPS 网测量的主要技术要求

等　级	边长(m)	固定误差 A(mm)	比例误差系数 B(mm/km)	边长相对中误差
一级	300~500	≤5	≤5	≤1/40 000
二级	100~300			≤1/20 000

（Ⅱ） 场区高程控制网

5.2.9 场区高程控制网,应布设成闭合环线、附合路线或结点网。

5.2.10 大中型施工项目的场区高程测量精度,不应低于三等水准。其主要技术要求,应按本规范第4.2节的有关规定执行。

5.2.11 场区水准点,可单独布设在场地相对稳定的区域,也可设置在乎面控制点的标石上。水准点间距宜小于1 km,距离建(构)筑物不宜小于25 m,距离回填土边线不宜小于15 m。

5.2.12 施工中,当少数高程控制点标石不能保存时,应将其高程引测至稳固的建(构)筑物上,引测的精度,不应低于原高程点的精度等级。

5.3 工业与民用建筑施工测量

（Ⅰ） 建筑物施工控制网

5.3.1 建筑物施工控制网,应根据建筑物的设计形式和特点,布设成十字轴线或矩形控制网。施工控制网的定位应符合本章5.1.6条的规定,民用建筑物施工控制网也可根据建筑红线定位。

5.3.2 建筑物施工平面控制网,应根据建筑物的分布、结构、高度、基础埋深和机械设备传动的连接方式、生产工艺的连续程度,分别布设一级或二级控制网。其主要技术要求,应符合表5.3.2的规定。

5.3.3 建筑物施工平面控制网的建立,应符合下列规定:

1 控制点,应选在通视良好、土质坚实、利于长期保存、便于施工放样的地方。

2 控制网加密的指示桩,宜选在建筑物行列线或主要设备中心线方向上。

3 主要的控制网点和主要设备中心线端点,应埋设固定标桩。

4 控制网轴线起始点的定位误差,不应大于2 cm;两建筑物(厂房)间有联动关系时,不应大于1 cm,定位点不得少于3个。

5 水平角观测的测回数,应根据表5.3.2测角中误差的大小,按表5.3.3选定。

表5.3.2 建筑物施工平面控制网的主要技术要求

等级	边长相对中误差	测角中误差
一级	≤1/30 000	$7''\sqrt{n}$
二级	≤1/15 000	$15''\sqrt{n}$

注:n 为建筑物结构的跨数。

表5.3.3 水平角观测的测回数

仪器精度等级 \ 测角中误差	2.5″	3.5″	4.0″	5″	10″
1″级仪器	4	3	2	—	—
2″级仪器	6	5	4	3	1
6″级仪器	—	—	—	4	3

  6 矩形网的角度闭合差,不应大于测角中误差的 4 倍。

  7 边长测量宜采用电磁波测距的方法,作业的主要技术要求应符合本规范表 3.3.18 的相关规定。二级网的边长测量也可采用钢尺量距,作业的主要技术要求应符合本规范表 3.3.21 的规定。

  8 矩形网应按平差结果进行实地修正,调整到设计位置。当增设轴线时,可采用现场改点法进行配赋调整;点位修正后,应进行矩形网角度的检测。

5.3.4 建筑物的围护结构封闭前,应根据施工需要将建筑物外部控制转移至内部。内部的控制点,宜设置在浇筑完成的预埋件上或预埋的测量标板上。引测的投点误差,一级不应超过 2 mm,二级不应超过 3 mm。

5.3.5 建筑物高程控制,应符合下列规定:

  1 建筑物高程控制,应采用水准测量。附合路线闭合差,不应低于四等水准的要求。

  2 水准点可设置在平面控制网的标桩或外围的固定地物上,也可单独埋设。水准点的个数,不应少于 2 个。

  3 当场地高程控制点距离施工建筑物小于 200 m 时,可直接利用。

5.3.6 当施工中高程控制点标桩不能保存时,应将其高程引测至稳固的建筑物或构筑物上,引测的精度,不应低于四等水准。

  （Ⅱ） 建筑物施工放样

5.3.7 建筑物施工放样,应具备下列资料:

  1 总平面图。

  2 建筑物的设计与说明。

  3 建筑物的轴线平面图。

  4 建筑物的基础平面图。

  5 设备的基础图。

  6 土方的开挖图。

  7 建筑物的结构图。

  8 管网图。

  9 场区控制点坐标、高程及点位分布图。

5.3.8 放样前,应对建筑物施工平面控制网和高程控制点进行检核。

5.3.9 测设各工序间的中心线,宜符合下列规定:

  1 中心线端点,应根据建筑物施工控制网中相邻的距离指标桩以内分法测定。

  2 中心线投点,测角仪器的视线应根据中心线两端点决定;当无可靠校核条件时,不得采用测设直角的方法进行投点。

5.3.10 在施工的建（构）筑物外围,应建立线板或轴线控制桩。线板应注记中心线编号,并测设标高。线板和轴线控制桩应注意保存。必要时,可将控制轴线标示在结构的外表面上。

5.3.11 建筑物施工放样,应符合下列要求:

  1 建筑物施工放样、轴线投测和标高传递的偏差,不应超过表 5.3.11 的规定。

表 5.3.11　建筑物施工放样、轴线投测和标高传递的允许偏差

项目	内容		允许偏差(mm)
基础桩位放样	单排桩或群桩中的边桩		±10
	群桩		±20
各施工层上放线	外廓主轴线长度 L(m)	$L \leqslant 30$	±5
		$30 < L \leqslant 60$	±10
		$60 < L \leqslant 90$	±15
		$90 < L$	±20
	细部轴线		±2
	承重墙、梁、柱边线		±3
	非承重墙边线		±3
	门窗洞口线		±3
轴线竖向投测	每层		3
	总高 H(m)	$H \leqslant 30$	5
		$30 < H \leqslant 60$	10
		$60 < H \leqslant 90$	15
		$90 < H \leqslant 120$	20
		$120 < H \leqslant 150$	25
		$150 < H$	30
标高竖向传递	每层		±3
	总高 H(m)	$H \leqslant 30$	±5
		$30 < H \leqslant 60$	±10
		$60 < H \leqslant 90$	±15
		$90 < H \leqslant 120$	±20
		$120 < H \leqslant 150$	±25
		$150 < H$	±30

2　施工层标高的传递,宜采用悬挂钢尺代替水准尺的水准测量方法进行,并应对钢尺读数进行温度、尺长和拉力改正。

传递点的数目,应根据建筑物的大小和高度确定。规模较小的工业建筑或多层民用建筑,宜从 2 处分别向上传递,规模较大的工业建筑或高层民用建筑,宜从 3 处分别向上传递。

传递的标高较差小于 3 mm 时,可取其平均值作为施工层的标高基准,否则,应重新传递。

3　施下层的轴线投测,宜使用 2″级激光经纬仪或激光铅直仪进行。控制轴线投测至施工层后,应在结构平面上按闭合图形对投测轴线进行校核。合格后,才能进行本施工层上的其他测设工作;否则,应重新进行投测。

4　施工的垂直度测量精度,应根据建筑物的高度、施工的精度要求、现场观测条件和垂直度测量设备等综合分析确定,但不应低于轴线竖向投测的精度要求。

5　大型设备基础浇筑过程中,应及时监测。当发现位置及标高与施工要求不符时,应立即通知施工人员,及时处理。

5.3.12 结构安装测量的精度,应分别满足下列要求:

1 柱子、桁架和梁安装测量的偏差,不应超过表 5.3.12-1 的规定。

表 5.3.12-1 柱子、桁架和梁安装测量的允许偏差

测量内容		允许偏差(mm)
钢柱垫板标高		±2
钢柱 ±0 标高检查		±2
混凝土柱(预制) ±0 标高检查		±3
柱子垂直度检查	钢柱牛腿	5
	柱高 10 m 以内	10
	柱高 10 m 以上	$H/1\ 000$,且≤20
桁架和实腹梁、桁架和钢架的支承结点间相邻高差的偏差		±5
梁间距		±3
梁面垫板标高		±2

注:H 为柱子高度(mm)。

2 构件预装测量的偏差,不应超过表 5.3.12-2 的规定。

表 5.3.12-2 构件预装测量的允许偏差

测量内容	测量的允许偏差(mm)
平台面抄平	±1
纵横中心线的正交度	$±0.8\sqrt{l}$
预装过程中的抄平工作	±2

注:l 为自交点起算的横向中心线长度的米数。长度不足 5 cm 时,以 5 m 计。

3 附属构筑物安装测量的偏差,不应超过表 5.3.12-3 的规定。

表 5.3.12-3 附属构筑物安装测量的允许偏差

测量项目	测量的允许偏差(mm)
栈桥和斜桥中心的投点	±2
轨面的标高	±2
轨道跨距的丈量	±2
管道构件中心线的定位	±5
管道标高的测量	±5
管道垂直度的测量	$H/1\ 000$

注:H 为管道垂直部分的长度(mm)。

5.3.13 设备安装测量的主要技术要求,应符合下列规定:

1 设备基础竣工中心线必须进行复测,两次测量的较差不应大于 5 mm。

2 对于埋设有中心标板的重要设备基础,其小心线应由竣工中心线引测,同一中心标点的偏差不应超过 ±1 mm。纵横中心线应进行正交度的检查,并调整横向中心线。同一设备基准中心线的平行偏差或同一生产系统的中心线的直线度应在 ±1 mm 以内。

3 每组设备基础,均应设立临时标高控制点。标高控制点的精度,对于一般的设备基础,其标高偏差,应在 ±2 mm 以内;对于与传动装置有联系的设备基础,其相邻两标高控制点的标高偏差,应在 ±1 mm 以内。

5.4 水工建筑物施工测量

5.4.1 水工建筑物施下平面控制网的建立,应满足下列要求:

1 施工平面控制网,可采用 GPS 网、三角形网、导线及导线网等形式;首级施工平面控制网等级,应根据工程规模和建筑物的施工精度要求按表 5.4.1-1 选用。

表 5.4.1-1 首级施工平面控制网等级的选用

工 程 规 模	混凝土建筑物	土石建筑物
大型工程	二等	二 或 三等
中型工程	三等	三 或 四等
小型工程	四等 或 一级	一级

2 各等级施千平面控制网的平均边长,应符合表 5.4.1-2 的规定。

表 5.4.1-2 水工建筑物施工平面控制网的平均边长

等 级	二等	三等	四等	一级
平均边长(m)	800	600	500	300

3 施工平面控制网宜按两级布设。控制点的相邻点位中误差,不应大于 10 mm。对于大型的、有特殊要求的水工建筑物施工项目,其最末级平面控制点相对于起始点或首级网点的点位中误差不应大于 10 mm。

4 施工平面控制测量的其他技术要求,应符合本规范第 3 章的有关规定。

5.4.2 水工建筑物施工高程控制网的建立,应满足下列要求:

1 施工高程控制网,宜布设成环形或附合路线;其精度等级的划分,依次为二、三、四、五等。

2 施工高程控制网等级的选用,应符合表 5.4.2 的规定。

表 5.4.2 施工高程控制网等级的选用

工程规模	混凝土建筑物	土石建筑物
大型工程	二等或三等	三
中型工程	三	四
小型工程	四	五

3 施工高程控制网的最弱点相对于起算点的高程中误差,对于混凝土建筑物不应大于 10 mm,对于土石建筑物不应大于 20 mm。根据需要,计算时应顾及起始数据误差的影响。

4 施工高程控制测量的其他技术要求,应符合本规范第 4 章的有关规定。

5.4.3 水工建筑物施工控制网应定期复测,复测精度与首次测量精度相同。

5.4.4 填筑及混凝土建筑物轮廓点的施工放样偏差,不应超过表 5.4.4 的规定。

表 5.4.4　填筑及混凝土建筑物轮廓点施工放样的允许偏差

建筑材料	建筑物名称	允许偏差（mm）	
		平面	高程
混凝土	主坝、厂房等各种主要水工建筑物	±20	±20
	各种导墙及井、洞衬砌	±25	±20
	副坝、围堰心墙、护坦、护坡、挡墙等	±30	±30
土石料	碾压式坝(堤)边线、心墙、面板堆石坝等	±40	±30
	各种坝堤内设施定位、填料分界线等	±50	±50

注:允许偏差是指放样点相对于临近控制点的偏差。

5.4.5 建筑物混凝土浇筑及预制构件拼装的竖向测量偏差,不应超过表 5.4.5 的规定。

表 5.4.5　建筑物竖向测量的允许偏差

工程项目	相邻两层对接中心线的相对允许偏差（mm）	相对基础中心的允许偏差（mm）	累计偏差（mm）
厂房、开关站等的各种构架、立柱	±3	H/2 000	±20
闸墩、栈桥墩,船闸、厂房等侧墙	±5	H/1 000	±30

注:H 为建(构)筑物的高度(mm)

5.4.6 水工建筑物附属设施安装测量的偏差,不应超过表 5.4.6 的规定。

表 5.4.6　水工建筑物附属设施安装测量的允许偏差

设备种类	细部项目	允许偏差（mm）		备注
		平面	高程(差)	
压力钢管安装	始装节管口中心位置	±5	±5	相对钢管轴线和高程基点
	有连接的管口中心位置	±10	±10	
	其他管口中心位置	±15	±15	
平面闸门安装	轨间间距	−1 ~ +4	—	相对门槽中心线
弧形门、人字门安装	—	±2	±3	相对安装轴线
天车、起重机轨道安装	轨矩	±5	—	一条轨道相对于另一条轨道
	平行轨道高差	—	±10	
	轨道坡度	—	L/1 500	

注:1　L 为天车、起重机轨道长度(mm)。
　　2　垂直构件安装,同一铅垂线上的安装点点位中误差不应大于 ±2 mm。

5.5　桥梁施工测量

(Ⅰ)　桥梁控制测量

5.5.1 桥梁施千项目,应建立桥梁施工专用控制网。对于跨越宽度较小的桥梁,也可利用勘测阶段所布设的等级控制点,但必须经过复测,并满足桥梁控制网的等级和精度要求。

5.5.2 桥梁施工控制网等级的选择,应根据桥梁的结构和设计要求合理确定,并符合表5.5.2的规定。

表5.5.2 桥梁施工控制网等级的选择

桥长 L(m)	跨越的宽度 l(m)	平面控制网等级	高程控制网的等级
$L > 5\,000$	$l > 1\,000$	二等 或 三等	二等
$2\,000 \leqslant L \leqslant 5\,000$	$500 \leqslant l \leqslant 1\,000$	三等 或 四等	三等
$500 < L < 2\,000$	$200 < l < 500$	四等 或 一级	四等
$L \leqslant 500$	$l \leqslant 200$	一级	四等 或 五等

注:1 L 为桥的总长。

    2 l 为跨越的宽度指桥梁的江、河、峡谷的宽度。

5.5.3 桥梁施工平面控制网的建立,应符合下列规定:

1 桥梁施工平面控制网,宜布设成自由网,并根据线路测量控制点定位。

2 控制网可采用 GPS 网、三角形网和导线网等形式。

3 控制网的边长,宜为主桥轴线长度的 0.5~1.5 倍。

4 当控制网跨越江河时,每岸不少于 3 点,其中轴线上每岸宜布设 2 点。

5 施工平面控制测量的其他技术要求,应符合本规范第 3 章的有关规定。

5.5.4 桥梁施工高程控制网的建立,应符合下列规定:

1 两岸的水准测量路线,应组成一个统一的水准网。

2 每岸水准点不应少于 3 个。

3 跨越江河时,根据需要,可进行跨河水准测量。

4 施工高程控制测量的其他技术要求,应符合本规范第 4 章的有关规定。

5.5.5 桥梁控制网在使用过程中应定期检测,检测精度与首次测量精度相同。

(Ⅱ) 桥梁施工放样

5.5.6 桥梁施工放样前,应熟悉施工设计图纸,并根据桥梁设计和施工的特点,确定放样方法。平面位置放样宜采用极坐标法、多点交会法等,高程放样宜采用水准测量方法。

5.5.7 桥梁基础施工测量的偏差,不应超过表5.5.7的规定。

表5.5.7 桥梁基础施工测量的允许偏差

类 别	测 量 内 容		测量允许偏差(mm)
灌注桩	基础桩桩位		40
	排架桩桩位	顺桥纵轴线方向	20
		垂直桥纵轴线方向	40
沉桩	群桩桩位	中间桩	$d/5$,且 $\leqslant 100$
		外缘桩	$d/10$
	排架桩桩位	顺桥纵轴线方向	16
		垂直桥纵轴线方向	20

续表

类别	测量内容		测量允许偏差（mm）
沉井	顶面中心、底面中心	一般	$h/125$
		浮式	$h/125 + 100$
垫层	轴线位置		20
	顶面高程		$0 \sim -8$

注：1 d 为桩径（mm）。

2 h 为沉井高度（mm）

5.5.8 桥梁下部构造施工测量的偏差，不应超过表 5.5.8 的规定。

表 5.5.8 桥梁下部构造施工测量的允许偏差

类　别	测量内容		测量允许偏差（mm）
承台	轴线位置		6
	顶面高程		±8
墩台身	轴线位置		4
	顶面高程		±4
墩、台帽或盖梁	轴线位置		4
	支座位置		2
	支座处顶面高程	简支梁	±4
		连续梁	±2

5.5.9 桥梁上部构造施工测量的偏差，不应超过表 5.5.9 的规定。

表 5.5.9 桥梁上部构造施工测量的允许偏差

类别	测量内容		测量允许偏差（mm）
梁、板安装	支座中心位置	梁	2
		板	4
	梁板顶面纵向高程		±2
悬臂施工梁	轴线位置	跨距小于或等于 100 m 的	4
		跨距大于 100 m 的	$L/25\,000$
	顶面高程	跨距小于或等于 100 m 的	±8
		跨距大于 100 m 的	$\pm L/12\,500$
		相邻节段高差	4
主拱圈安装	轴线横向位置	跨距小于或等于 60 m 的	4
		跨距大于 60 m 的	$L/15\,000$
	拱圈高程	跨距小于或等于 60 m 的	±8
		跨距大于 60 m 的	$\pm L/7\,500$

续表

类别	测量内容	测量允许偏差(mm)
腹拱安装	轴线横向位置	4
	起拱线高程	±8
	相邻块件高程	2
钢筋混凝土索塔	塔柱底水平位置	4
	倾斜度	$H/7\,500$,且≤12
	系梁高程	±4
钢梁安装	钢梁中线位置	4
	墩台处梁底高程	±4
	固定支座顺桥向位置	8

注:1　L 为跨径(mm)。

　　2　H 为索塔高度(mm)。

5.6　隧道施工测量

5.6.1　隧道工程施工前,应熟悉隧道工程的设计图纸,并根据隧道的长度、线路形状和对贯通误差的要求,进行隧道测量控制网的设计。

5.6.2　隧道工程的相向施工中线在贯通面上的贯通误差,不应大于表5.6.2的规定。

表5.6.2　隧道工程的贯通限差

类 别	两开挖洞口间长度(km)	贯通误差限差(mm)
横向	$L<4$	100
	$4≤L<8$	150
	$8≤L<10$	200
高程	不限	70

注:作业时,可根据隧道施工方法和隧道用途的不同,当贯通误差的调整不会显著影响隧道中线几何形状和工程性能时,其横向贯通限差可适当放宽1~1.5倍。

5.6.3　隧道控制测量对贯通中误差的影响值,不应大于表5.6.3的规定。

表5.6.3　隧道控制测量对贯通中误差影响值的限值

两开挖洞口间的长度(km)	横向贯通中误差(mm)				高程贯通中误差(mm)	
	洞外控制测量	洞内控制测量		竖井联系测量	洞外	洞内
		无竖井的	有竖井的			
$L<4$	25	45	35	25	25	25
$4≤L<8$	35	65	55	35		
$8≤L<10$	50	85	70	50		

5.6.4　隧道洞外平面控制测量的等级,应根据隧道的长度按表5.6.4选取。

表 5.6.4 隧道洞外平面控制测量的等级

洞外平面控制网类别	洞外平面控制网等级	测角中误差(″)	隧道长度 $L(km)$
GPS 网	二等	—	$L > 5$
	三等	—	$L \leq 5$
三角形网	二等	1.0	$L > 5$
	三等	1.8	$2 < L \leq 5$
	四等	2.5	$0.5 < L \leq 2$
	一级	5	$L \leq 0.5$
导线网	三等	1.8	$2 < L \leq 5$
	四等	2.5	$0.5 < L \leq 2$
	一级	5	$L \leq 0.5$

5.6.5 隧道洞内平面控制测量的等级,应根据隧道两开挖洞口间长度按表5.6.5选取。

表 5.6.5 隧道洞内平面控制测量的等级

洞内平面控制网类型	洞内导线网测量等级	导线测角中误差(″)	两开挖洞口长度 $L(km)$
导线网	三等	1.8	$L \geq 5$
	四等	2.5	$2 \leq L < 5$
	一级	5	$L < 2$

5.6.6 隧道洞外、洞内高程控制测量的等级,应分别依洞外水准路线的长度和隧道长度按表5.6.6选取。

表 5.6.6 隧道洞外、洞内高程控制测量的等级

高程控制网类别	等级	每千米高差全中误差(mm)	洞外水准路线长度或两开挖洞口间长度 $S(km)$
水准网	二等	2	$S > 16$
	三等	6	$6 < S \leq 16$
	四等	10	$S \leq 6$

5.6.7 隧道洞外平面控制网的建立,应符合下列规定:

  1 控制网宜布设成自由网,并根据线路测量的控制点进行定位和定向。

  2 控制网可采用 GPS 网、三角形网或导线网等形式,并沿隧道两洞口的连线方向布设。

  3 隧道的各个洞口(包括辅助坑道口),均应布设两个以上且相互通视的控制点。

  4 隧道洞外平面控制测量的其他技术要求,应符合本规范第 3 章的有关规定。

5.6.8 隧道洞内平面控制网的建立,应符合下列规定:

  1 洞内的平面控制网宜采用导线形式,并以洞口投点(插点)为起始点沿隧道中线或隧道两侧布设成直伸得长边导线或狭长多环导线。

  2 导线的边长宜近似相等,直线段不宜短于 200 m,曲线段不宜短于 70 cm;导线边距离洞内设施不小于 0.2 m。

3 当双线隧道或其他辅助坑道同时掘进时,应分别布设导线,并通过横洞连成闭合环。

4 当隧道掘进至导线设计边长的 2 ~ 3 倍时,应进行一次导线延伸测量。

5 对于长距离隧道,可加测一定数量的陀螺经纬仪定向边。

6 当隧道封闭采用气压施工时,对观测距离必须作相应的气压改正。

7 洞内导线测量的其他技术要求,应符合本规范3.3节的有关规定。

5.6.9 隧道高程控制测量,应符合下列规定:

1 隧道洞内、外的高程控制测量,宜采用水准测量方法。

2 隧道两端的洞口水准点、相关洞口水准点(含竖井和平洞口)和必要的洞外水准点,应组成闭合或往返水准路线。

3 洞内水准测量应往返进行,且每隔200 ~ 500 m 应设立一个水准点。

4 隧道高程控制测量的其他技术要求,应符合本规范第4章的有关规定。

5.6.10 隧道竖井联系测量的方法,应根据竖井的大小、深度和结构合理确定,并符合下列规定:

1 作业前,应对联系测量的平面和高程起算点进行检核。

2 竖井联系测量的平面控制,宜采用光学投点法、激光准直投点法、陀螺经纬仪定向法或联系三角形法;对于开口较大、分层支护开挖的较浅竖井,也可采用导线法(或称竖直导线法)。

3 竖井联系测量的高程控制,宜采用悬挂钢尺或钢丝导入的水准测量方法。

5.6.11 隧道洞内施工测量,应符合下列规定:

1 隧道的施工中线,宜根据洞内控制点采用极坐标法测设。当掘进距离延伸到1 ~ 2 个导线边(直线不宜短于200 m、曲线部分不宜短于70 m)时,导线点应同时延伸并测设新的中线点。

2 当较短隧道采用中线法测量时,其中线点间距,直线段不宜小于100 m,曲线段不宜小于50 m。

3 对于大型掘进机械施干的长距离隧道,宜采用激光指向仪、激光经纬仪或陀螺仪导向,也可采用其他自动导向系统,其方位应定期校核。

4 隧道衬砌前,应对中线点进行复测检查并根据需要适当加密。加密时,中线点间距不宜大于10 m,点位的横向偏差不应大于5 mm。

5.6.12 施工过程中,应对隧道控制网定期复测。

5.6.13 隧道贯通后,应对贯通误差进行测定,并在调整段内进行中线调整。

5.6.14 当隧道内可能出现瓦斯气体时,必须采取安全可靠的防爆措施,并须使用防爆型测量仪器。

6 竣工总图的编绘与实测

6.1 一般规定

6.1.1 建筑工程项目施工完成后,应根据工程需要编绘或实测竣工总图。竣工总图,宜采用数字竣工图。

6.1.2 竣工总图的比例尺,宜选用1:500;坐标系统、高程基准、图幅大小、图上注记、线条规格,应与原设计图一致;图例符号,应采用现行国家标准《总图制图标准》GB/T 50103。

6.1.3 竣工总图应根据设计和施工资料进行编绘。当资料不全无法编绘时,应进行实测。

6.1.4 竣工总图编绘完成后,应经原设计及施工单位技术负责人审核、会签。

6.2 竣工总图的编绘

6.2.1 竣工总图的编绘,应收集下列资料:

1 总平面布置图。

2 施工设计图。

3 设计变更文件。

4 施工检测记录。

5 竣工测量资料。

6 其他相关资料。

6.2.2 编绘前,应对所收集的资料进行实地对照检核。不符之处,应实测其位置、高程及尺寸。

6.2.3 竣工总图的编制,应符合下列规定:

1 地面建(构)筑物,应按实际竣工位置和形状进行编制。

2 地下管道及隐蔽工程,应根据回填前的实测坐标和高程记录进行编制。

3 施工中,应根据施工情况和设计变更文件及时编制。

4 对实测的变更部分,应按实测资料编制。

5 当平面布置改变超过图上面积1/3时,不宜在原施工图上修改和补充,应重新编制。

6.2.4 竣工总图的绘制,应满足下列要求:

1 应绘出地面的建(构)筑物、道路、铁路、地面排水沟渠、树木及绿化地等。

2 矩形建(构)筑物的外墙角,应注明两个以上点的坐标。

3 圆形建(构)筑物,应注明中心坐标及接地处半径。

4 主要建筑物,应注明室内地坪高程。

5 道路的起终点、交叉点,应注明中心点的坐标和高程;弯道处,应注明交角、半径及交点坐标;路面,应注明宽度及铺装材料。

6 铁路中心线的起终点、曲线交点,应注明坐标;曲线上,应注明曲线的半径、切线长、曲线长、外矢矩、偏角等曲线元素;铁路的起终点、变坡点及曲线的内轨轨面应注明高程。

7 当不绘制分类专业图时,给水管道、排水管道、动力管道、工艺管道、电力及通信线路等在总图上的绘制,还应符合6.2.5条~6.2.7条的规定。

6.2.5 给水排水管道专业图的绘制,应满足下列要求:

1 给水管道,应绘出地面给水建筑物及各种水处理设施和地上、地下各种管径的给水管线及其附属设备。

对于管道的起终点、交叉点、分支点,应注明坐标;变坡处应注明高程;变径处应注明管径及材料;不同型号的检查井应绘制详图。当图上按比例绘制管道结点有困难时,可用放大详图表示。

    2 排水管道,应绘出污水处理构筑物、水泵站、检查井、跌水井、水封井、雨水口、排出水口、化粪池以及明渠、暗渠等。检查井,应注明中心坐标、出入口管底高程、井底高程、井台高程;管道,应注明管径、材质、坡度;对不同类型的检查井,应绘出详图。

    3 给水排水管道专业图上,还应绘出地面有关建(构)筑物、铁路、道路等。

6.2.6 动力、工艺管道专业图的绘制,应满足下列要求:

    1 应绘出管道及有关的建(构)筑物。管道的交叉点、起终点,应注明坐标、高程、管径和材质。

    2 对于沟道敷设的管道,应在适当地方绘制沟道断面图,并标注沟道的尺寸及各种管道的位置。

    3 动力、工艺管道专业图上,还应绘出地面有关建(构)筑物、铁路、道路等。

6.2.7 电力及通信线路专业图的绘制,应满足下列要求:

    1 电力线路,应绘出总变电所、配电站、车间降压变电所、室内外变电装置、柱上变压器、铁塔、电杆、地下电缆检查井等;并应注明线径、送电导线数、电压及送变电设备的型号、容量。

    2 通信线路,应绘出中继站、交接箱、分线盒(箱)、电杆、地下通信电缆人孔等。

    3 各种线路的起终点、分支点、交叉点的电杆应注明坐标;线路与道路交叉处应注明净空高。

    4 地下电缆,应注明埋设深度或电缆沟的沟底高程。

    5 电力及通信线路专业图上,还应绘出地面有关建(构)筑物、铁路、道路等。

6.2.8 当竣工总图中图面负载较大但管线不甚密集时,除绘制总图外,可将各种专业管线合并绘制成综合管线图。综合管线图的绘制,也应满足本章第6.2.5～6.2.7条的要求。

6.3 竣工总图的实测

6.3.1 竣工总图的实测,宜采用全站仪测图及数字编辑成图的方法。

6.3.2 竣工总图的实测,应在已有的施工控制点上进行。当控制点被破坏时,应进行恢复。

6.3.3 对已收集的资料应进行实地对照检核。满足要求时应充分利用,否则应重新测量。

6.3.4 竣工总图中建(构)筑物细部点的点位和高程中误差,竣工总图实测的其他技术要求,应按该工程的要求编绘。

7 变形监测

7.1 一般规定

7.1.1 本章适用于工业与民用建(构)筑物、建筑场地、地基基础、水工建筑物、地下工程建(构)筑物、桥梁、滑坡等的变形监测。

7.1.2 重要的工程建(构)筑物,在工程设计时,应对变形监测的内容和范围做出统筹安排,并应由监测单位制定详细的监测方案。

    首次观测,宜获取监测体初始状态的观测数据。

7.1.3 变形监测的等级划分及精度要求,应符合表7.1.3的规定。

表 7.1.3　变形监测的等级划分及精度要求

等　　级	垂直位移监测		水平位移监测	适　用　范　围
	变形观测点的高程中误差（mm）	相邻变形观测点的高差中误差（mm）	变形观测点的点位中误差（mm）	
一等	0.3	0.1	1.5	变形特别敏感的高层建筑、高耸构筑物、工业建筑、重要古建筑、大型坝体、精密工程设施、特大型桥梁、大型直立岩体、大型坝区地壳变形监测等
二等	0.5	0.3	3.0	变形比较敏感的高层建筑、高耸构筑物、工业建筑、古建筑、特大型和大型桥梁、大中型坝体、直立岩体、高边坡、重要工程设施、重大地下工程、危害性较大的滑坡监测等
三等	1.0	0.5	6.0	一般性的高层建筑、多层建筑、工业建筑、高耸构造物、直立岩体、高边坡、深基坑、重要工程措施、重大地下工程、危害性一般的滑坡监测、大型桥梁等
四等	2.0	1.0	12.0	观测精度要求较低的建（构）筑物、普通滑坡监测、中小型桥梁等

注：1　变形观测点的高程中误差和点位中误差，是指相对于邻近基准点的中误差。
　　2　特定方向的位移中误差，可取表中相应等级点位中误差的 $1/\sqrt{2}$ 作为限值。
　　3　垂直位移监测，可根据需要按变形观测点的高程巾误差或相邻变形观测点的高差中误差，确定监测精度等级。

7.1.4　变形监测网的网点，宜分为基准点、工作基点和变形观测点。其布设应符合下列要求：

　　1　基准点，应选在变形影响区域之外稳固可靠的位置。每个工程至少应有 3 个基准点。大型的工程项目，其水平位移基准点应采用带有强制归心装置的观测墩，垂直位移基准点宜采用双金属标或钢管标。

　　2　工作基点，应选在比较稳定且方便使用的位置。设立在大型工程施工区域内的水平位移监测工作基点宜采用带有强制归心装置的观测墩，垂直位移监测工作基点可采用钢管标。对通视条件较好的小型工程，可不设立工作基点，在基准点上直接测定变形观测点。

　　3　变形观测点，应设立在能反映监测体变形特征的位置或监测断面上，监测断面一般分为：关键断面、重要断面和一般断面。需要时，还应埋设一定数量的应力、应变传感器。

7.1.5　监测基准网，应由基准点和部分工作基点构成。监测基准网应每半年复测一次；当对变形监测成果发生怀疑时，应随时检核监测基准网。

7.1.6　变形监测网，应由部分基准点、工作基点和变形观测点构成。监测周期，应根据监测体的变形特征、变形速率、观测精度和工程地质条件等因素综合确定。监测期间，应根据变形量的变化情况适当调整。

7.1.7　各期的变形监测，应满足下列要求：

　　1　在较短的时间内完成。

　　2　采用相同的图形（观测路线）和观测方法。

　　3　使用同一仪器和设备。

　　4　观测人员相对固定。

　　5　记录相关的环境因素，包括荷载、温度、降水、水位等。

　　6　采用统一基准处理数据。

7.1.8　变形监测作业前,应收集相关水文地质、岩土工程资料和设计图纸,并根据岩土工程地质条件、工程类型、工程规模、基础埋深、建筑结构和施工方法等因素,进行变形监测方案设计。

　　方案设计,应包括监测的目的、精度等级、监测方法、监测基准网的精度估算和布设、观测周期、项目预警值、使用的仪器设备等内容。

7.1.9　每期观测前,应对所使用的仪器和设备进行检查、校正,并做好记录。

7.1.10　每期观测结束后,应及时处理观测数据。当数据处理结果出现下列情况之一时,必须即刻通知建设单位和施工单位采取相应措施:

　1　变形量达到预警值或接近允许值。

　2　变形量出现异常变化。

　3　建(构)筑物的裂缝或地表的裂缝快速扩大。

7.2　水平位移监测基准网

7.2.1　水平位移监测基准网,可采用三角形网、导线网、GPS 网和视准轴线等形式。当采用视准轴线时,轴线上或轴线两端应设立校核点。

7.2.2　水平位移监测基准网宜采用独立坐标系统,并进行一次布网。必要时,可与国家坐标系统联测。狭长形建筑物的主轴线或其平行线,应纳入网内。大型工程布网时,应充分顾及网的精度、可靠性和灵敏度等指标。

7.2.3　基准网点位,宜采用有强制归心装置的观测墩。

7.2.4　水平位移监测基准网的主要技术要求,应符合表 7.2.4 的规定。

表 7.2.4　水平位移监测基准网的主要技术要求

等　级	相邻基准点的点位中误差(mm)	平均边长 L(m)	测角中误差(″)	侧边相对中误差	水平角观测测回数	
					1″级仪器	2″级仪器
一等	1.5	≤300	0.7	≤1/300 000	12	—
		≤200	1.0	≤1/200 000	9	—
二等	3.0	≤400	1.0	≤1/200 000	9	—
		≤200	1.8	≤1/100 000	6	9
三等	6.0	≤450	1.8	≤1/100 000	6	9
		≤350	2.5	≤1/80 000	4	6
四等	12.0	≤600	2.5	≤1/80 000	4	6

　　注:1　水平位移监测基准网的相关指标,是基于相应等级相邻基准点的点位中误差的要求确的。

　　　　2　具体作业时,也可根据检测项目的特点在满足相邻基准点的点位中误差要求前提下,进行专项设计。

　　　　3　GPS 水平位移监测基准网,不受测角中误差和水平角观测测回数指标的限制。

7.2.5　监测基准网的水平角观测,宜采用方向观测法。其技术要求应符合本规范第 3.3.8 条的规定。

7.2.6　监测基准网边长,宜采用电磁波测距。其主要技术要求,应符合表 7.2.6 的规定。

表 7.2.6　测距的主要技术要求

等　级	仪器精度等级	每边测回数		一测回读数较差（mm）	单程各测回较差（mm）	气象数据测定的最小读数		往返较差（mm）
		往	返			温度（℃）	气压（Pa）	
一等	1 mm 级仪器	4	4	1	1.5			
二等	2 mm 级仪器	3	3	3	4	0.2	50	$\leq 2(a + b \times D)$
三等	5 mm 级仪器	2	2	5	7			
四等	10 mm 级仪器	4	—	8	10			

注:1　测回是指照准目标一次,读数 2~4 次的过程。
　　2　根据具体情况,测边可采取不同时间段代替往返观测。
　　3　测量斜距,须经气象改正和仪器的加、乘常数改正后才能进行水平距离计算。
　　4　计算测距往返较差时,a、b 分别为相应等级所使用仪器标称的固定误差和比例误差系数,D 为测量斜距(km)。

7.2.7　对于三等以上的 GPS 监测基准网,应采用双频接收机,并采用精密星历进行数据处理。

7.2.8　水平位移监测基准网测量的其他技术要求,按本规范第 3 章的有关规定执行。

7.3　垂直位移监测基准网

7.3.1　垂直位移监测基准网,应布设成环形网并采用水准测量方法观测。

7.3.2　基准点的埋设,应符合下列规定:

1　应将标石埋设在变形区以外稳定的原状土层内,或将标志镶嵌在裸露基岩上。

2　利用稳固的建(构)筑物,设立墙水准点。

3　当受条件限制时,在变形区内也可埋设深层钢管标或双金属标。

4　大型水工建筑物的基准点,可采用平洞标志。

5　基准点的标石规格,可根据现场条件和工程需要,按本规范附录 D 进行选择。

7.3.3　垂直位移监测基准网的主要技术要求,应符合表 7.3.3 的规定。

表 7.3.3　垂直位移监测基准网的主要技术要求

等　级	相邻基准点高差中误差（mm）	每站高差中误差（mm）	往返较差或环线闭合差（mm）	检测已测高差较差（mm）
一等	0.3	0.07	$0.15\sqrt{n}$	$0.2\sqrt{n}$
二等	0.5	0.15	$0.30\sqrt{n}$	$0.4\sqrt{n}$
三等	1.0	0.30	$0.60\sqrt{n}$	$0.8\sqrt{n}$
四等	2.0	0.70	$1.40\sqrt{n}$	$2.0\sqrt{n}$

注:表中 n 为测站数。

7.3.4　水准观测的主要技术要求,应符合表 7.3.4 的规定。

表 7.3.4　水准观测的主要技术要求

等　　级	水准仪型号	水准尺	视线长度（m）	前后视距离较差（m）	前后视的距离较差累积（m）	视线离地面最低高度（m）	基本分别、辅助分划读数较差（mm）	基本分划、辅助分划所测高差较差（mm）
一等	DS05	因瓦	15	0.3	1.0	0.5	0.3	0.4
二等	DS05	因瓦	30	0.5	1.5	0.5	0.3	0.4
三等	DS05	因瓦	50	2.0	3	0.3	0.5	0.7
	DS1	因瓦	50	2.0	3	0.3	0.5	0.7
四等	DS1	因瓦	75	5.0	8	0.2	1.0	1.5

注：1　数字水准仪观测，不受基、辅分划读数较差指标的限制，但测站两次观测的高差较差，应满足表中相应等级基、辅分划所测高差较差的限值。

　　2　水准路线该表的限制跨越江河时，应进行相应等级的跨河水准观测，其指标不受该表的限制，按本规范第 4 章的规定执行。

7.3.5　观测使用的水准仪和水准标尺，应符合本规范第 4.2.2 条的规定，DS05 级水准仪视准轴与水准管轴的夹角不得大于 10″。

7.3.6　起始点高程，宜采用测区原有高程系统。较小规模的监测工程，可采用假定高程系统；较大规模的监测工程，宜与国家水准点联测。

7.3.7　水准观测的其他技术要求，应符合本规范第 4 章的有关规定。

7.4　基本监测方法与技术要求

7.4.1　变形监测的方法，应根据监测项目的特点、精度要求、变形速率以及监测体的安全性等指标，按表 7.4.1 选用。也可同时采用多种方法进行监测。

表 7.4.1　变形监测方法的选择

类　　别	监　测　方　法
水平位移监测	三角形网、极坐标法、交汇法、GPS 测量、正倒垂线法、视准线法、引张线法、激光准直法、精密测（量）距、伸缩仪法、多点位移计、倾斜仪等
垂直位移监测	水准测量、液体静力水准测量、电磁波测距、三角高程测量等
三维位移监测	全站仪自动跟踪测量法、卫星实时定位测量（GPS—RTK）法、投影测量法等
主体倾斜	经纬仪投点法、差异沉降法、激光准直法、垂线法、倾斜仪、电垂直梁等
挠度观测	垂线法、差异沉降法、位移计、挠度计等
监测体裂缝	精密测（量）距、伸缩仪、测缝计、位移计、摄影测量等
应力、应变监测	应力计、应变计

7.4.2　当采用三角形网测量时，其技术要求应符合本规范 7.2 节的相关规定。

7.4.3　交会法、极坐标法的主要技术要求，应符合下列规定：

　　1　用交会法进行水平位移监测时，宜采用三点交会法；角交会法的交会角，应在 60°～120°之间，边交会法的交会角，宜在 30°～150°之间。

　　2　用极坐标法进行水平位移监测时，宜采用双测站极坐标法，其边长应采用电磁波测距仪测定。

    3　测站点应采用有强制对中装置的观测墩,变形观测点,可埋设安置反光镜或觇牌的强制对中装置或其他固定照准标志。

7.4.4　视准线法的主要技术要求,应符合下列规定:

    1　视准线两端的延长线外,宜设立校核基准点。

    2　视准线应离开障碍物 1 m 以上。

    3　各测点偏离视准线的距离,不应大于 2 cm;采用小角法时可适当放宽,小角角度不应超过 30″。

    4　视准线测量,可选用活动觇牌法或小角度法。当采用活动觇牌法观测时,监测精度宜为视准线长度的 1/100 000;当采用小角度法观测时,监测精度应按(7.4.4)式估算:

$$m_s = m_\beta L/\rho \tag{7.4.4}$$

式中　　m_s——位移中误差(mm);

        m_β——测角中误差(″);

        L——视准线长度(mm);

        ρ——206265″

    5　基准点、校核基准点和变形观测点,均应采用有强制对中装置的观测墩。

    6　当采用活动觇牌法观测时,观测前应对觇牌的零位差进行测定。

7.4.5　引张线法的主要技术要求,应符合下列规定:

    1　引张线长度大于 200 m 时,宜采用浮托式。

    2　引张线两端,可设置倒垂线作为校核基准点,也可将校核基准点设置在两端山体的平洞内。

    3　引张线宜采用直径为 $\phi 0.8 \sim \phi 1.2$ mm 的不锈钢丝。

    4　观测时,测回较差不应超过 0.2 mm。

7.4.6　正、倒垂线法的主要技术要求,应符合下列规定:

    1　应根据垂线长度,合理确定重锤重量或浮子的浮力。

    2　垂线宜采用直径为 $\phi 0.8 \sim \phi 1.2$ mm 的不锈钢丝或因瓦丝。

    3　单段垂线长度不宜大于 50 m。

    4　需要时,正倒垂可结合布设。

    5　测站应采用有强制对中装置的观测墩。

    6　垂线观测可采用光学垂线坐标仪,测回较差不应超过 0.2 mm。

7.4.7　激光测量的主要技术要求,应符合下列规定:

    1　激光器(包括激光经纬仪、激光导向仪、激光准直仪等)宜安置在变形区影响之外或受变形影响较小的区域。激光器应采取防尘、防水措施。

    2　安置激光器后,应同时在激光器附近的激光光路上,设立固定的光路检核标志。

    3　整个光路上应无障碍物,光路附近应设立安全警示标志。

    4　目标板(或感应器),应稳固设立在变形比较敏感的部位并与光路垂直;目标板的刻划,应均匀、合理。观测时应将接收到的激光光斑,调至最小、最清晰。

7.4.8　当采用水准测量方法进行垂直位移监测时,应符合下列规定:

    1　垂直位移监测网的主要技术要求,应符合表 7.4.8 的规定。

表 7.4.8 垂直位移监测网的主要技术要求

等 级	变形观测点的高程中误差(mm)	每站高差中误差(mm)	往返较差、附合或环线闭合差(mm)	检测已测高差较差(mm)
一等	0.3	0.07	$0.15\sqrt{n}$	$0.2\sqrt{n}$
二等	0.5	0.15	$0.30\sqrt{n}$	$0.4\sqrt{n}$
三等	1.0	0.30	$0.60\sqrt{n}$	$0.8\sqrt{n}$
四等	2.0	0.70	$1.40\sqrt{n}$	$2.0\sqrt{n}$

注:表中 n 为测站数。

　　2　水准观测的主要技术要求,应符合本规范 7.3.4 条的规定。

7.4.9 静力水准测量,应满足下列要求:

　　1　静力水准观测的主要技术要求,应符合表 7.4.9 的规定。

表 7.4.9 静力水准观测的主要技术要求

等 级	仪 器 类 型	读 数 方 式	两次观测高差较差(mm)	环线及附合路线闭合差(mm)
一等	封闭式	接触式	0.15	$0.15\sqrt{n}$
二等	封闭式、敞口式	接触式	0.30	$0.30\sqrt{n}$
三等	敞口式	接触式	0.60	$0.60\sqrt{n}$
四等	敞口式	目视式	1.40	$1.40\sqrt{n}$

注:表中 n 为高差个数。

　　2　观测前,应对观测头的零点差进行检验。

　　3　应保持连通管路无压折,管内液体无气泡。

　　4　观测头的圆气泡应居中。

　　5　两端测站的环境温度不宜相差过大。

　　6　仪器对中误差不应大于 2 mm,倾斜度不应大于 10′。

　　7　宜采用两台仪器对向观测,也可采用一台仪器往返观测。液面稳定后,方能开始测量;每观测一次,应读数 3 次,取其平均值作为观测值。

7.4.10　电磁波测距三角高程测量,宜采用中点单觇法,也可采用直返觇法。其主要技术要求应符合下列规定:

　　1　垂直角宜采用 1″级仪器巾丝法对向观测各 6 测回,测回间垂直角较差不应大于 6″。

　　2　测距长度宜小于 500 m,测距中误差不应超过 3 mm。

　　3　觇标高(仪器高),应精确量至 0.1 mm。

　　4　必要时,测站观测前后各测量一次气温、气压,计算时加入相应改正。

7.4.11　主体倾斜和挠度观测,应符合下列规定:

　　1　可采用监测体顶部及其相应底部变形观测点的相对水平位移值计算主体倾斜。

　　2　可采用基础差异沉降推算主体倾斜值和基础的挠度。

　　3　重要的直立监测体的挠度观测,可采用正倒垂线法、电垂直梁法。

　　4　监测体的主体倾斜率和按差异沉降推算主体倾斜值。

7.4.12　当监测体出现裂缝时,应根据需要进行裂缝观测并满足下列要求:

　　1　裂缝观测点,应根据裂缝的走向和长度,分别布设在裂缝的最宽处和裂缝的末端。

2　裂缝观测标志,应跨裂缝牢固安装。标志可选用镶嵌式金属标志、粘贴式金属片标志、钢尺条、坐标格网板或专用量测标志等。

3　标志安装完成后,应拍摄裂缝观测初期的照片。

4　裂缝的量测,可采用比例尺、小钢尺、游标卡尺或坐标格网板等工具进行;量测应精确至0.1 mm。

5　裂缝的观测周期,应根据裂缝变化速度确定。裂缝初期可每半个月观测一次,基本稳定后宜每月观测一次,当发现裂缝加大时应及时增加观测次数,必要时应持续观测。

7.4.13　全站仪自动跟踪测量的主要技术要求,应符合下列规定:

1　测站应设立在基准点或工作基点上,并采用有强制对中装置的观测台或观测墩;测站视野应开阔无遮挡,周围应设立安全警示标志;应同时具有防水、防尘设施。

2　监测体上的变形观测点宜采用观测棱镜,距离较短时也可采用反射片。

3　数据通信电缆宜采用光缆或专用数据电缆,并应安全敷设,连接处应采取绝缘和防水措施。

4　作业前应将自动观测成果与人工测量成果进行比对,确保自动观测成果无误后,方能进行自动监测。

5　测站和数据终端设备应备有不间断电源。

6　数据处理软件,应具有观测数据自动检核、超限数据自动处理、不合格数据自动重测,观测目标被遮挡时,可自动延时观测处理和变形数据自动处理、分析、预报和预警等功能。

7.4.14　当采用摄影测量方法时,应满足下列要求:

1　应根据监测体的变形特点、监测规模和精度要求,合理选用作业方法,可采用时间基线视差法、立体摄影测量方法或实时数字摄影测量方法等。

2　监测点标志,可采用十字形或同心圆形,标志的颜色应使影像与标志背景色调有明显的反差,可采用黑、白、黄色或两色相间。

3　像控点应布设在监测体的四周;当监测体的景深较大时,应在景深范围内均匀布设。像控点的点位精度不宜低于监测体监测精度的1/3。

当采用直接线性变换法解算待定点时,一个像对的控制点宜布设6~9个;当采用时间基线视差法时,一个像对宜布设4个以上控制点。

4　对于规模较大、监测精度要求较高的监测项目,可采用多标志、多摄站、多相片及多量测的方法进行。

5　摄影站,应设置在带有强制归心装置的观测墩上。对于长方形的监测体,摄影站宜布设在与物体长轴相平行的一条直线上,并使摄影主光轴垂直于被摄物体的主立面;对于圆柱形监测体,摄影站可均匀布设在与物体中轴线等距的周围。

6　多像对摄影时,应布设像对间起连接作用的标志点。

7　变形摄影测量的其他技术要求,应满足现行国家标准《工程摄影测量规范》GB 50167的有关规定。

7.4.15　当采用卫星实时定位测量(GPS RTK)方法时,其主要技术要求应符合下列规定:

1　应设立永久性固定参考站作为变形监测的基准点,并建立实时监控中心。

2　参考站,应设立在变形区之外或受变形影响较小的地势较高区域,上部天空应开阔,无高度角超过 10°的障碍物,且周围无 GPS 信号反射物(大面积水域、大型建构物),及无高压线、电视台、无线电发射站、微波站等干扰源。

3 流动站的接收天线,应永久设置在监测体的变形观测点上,并采取保护措施。接收天线的周围无高度角超过 10°的障碍物。变形观测点的数目应依具体的监测项目和监测体的结构灵活布设。接收卫星数量不应少于 5 颗,并采用固定解成果。

4 数据通信,对于长期的变形监测项目宜采用光缆或专用数据电缆通信,对于短期的监测项目也可采用无线电数据链通信。

7.4.16 应力、应变监测的主要技术要求,应符合下列规定:

1 监测点,应根据设计要求和工程需要合理布设。

2 传感器应具有足够的强度、抗腐蚀性和耐久性,并具有抗震和抗冲击性能;传感器的量程宜为设计最大压力的 1.2 倍,其精度应满足工程监控的要求;连接电缆应采用耐酸碱、防水、绝缘的专用电缆。

3 传感器埋设前,应进行密封性检验、力学性能检验和温度性能检验,满足要求后方能使用。

4 传感器应密实埋设,其承压面应与受力方向垂直;连接电缆应进行编号。

5 传感器预埋稳定后,方能测定静态初始值。

6 应力、应变监测周期,宜与变形监测周期同步。

7.5 工业与民用建筑变形监测

7.5.1 工业与民用建筑变形监测项目,应根据工程需要按表 7.5.1 选择。

表 7.5.1 工业与民用建筑变形监测项目

项 目			主要监测内容		备 注
场地			垂直位移		建筑施工前
基坑	支护边坡	不降水	垂直位移		回填前
			水平位移		
		降水	垂直位移		降水期
			水平位移		
			地下水位		
	地基		基坑回弹		基坑开挖期
			分层地基土沉降		主体施工期、竣工初期
			地下水位		降水期
建筑物	基础变形		基础沉降		主体施工期、竣工初期
			基础倾斜		
	主图变形		水平位移		竣工初期
			主体倾斜		
			建筑裂缝		发现裂缝初期
			日照变形		竣工后

7.5.2 拟建建筑场地的沉降观测,应在建筑施工前进行。变形观测,可采用四等监测精度,点位间距,宜为 30 ~ 50 m。

7.5.3 基坑的变形监测,应符合下列规定:

1 基坑变形监测的精度,不宜低于三等。

2 变形观测点的点位,应根据工程规模、基坑深度、支护结构和支护设计要求合理布。

设。普通建筑基坑,变形观测点点位宜布设在基坑的顶部周边,点位间距以 10 ~ 20 m 为宜;较高安全监测要求的基坑,变形观测点点位宜布设在基坑侧壁的顶部和中部;变形比较敏感的部位,应加测关键断面或埋设应力和位移传感器。

3 水平位移监测可采用极坐标法、交会法等;垂直位移监测可采用水准测量方法、电磁波测距三角高程测量方法等。

4 基坑变形监测周期,应根据施工进程确定。当开挖速度或降水速度较快引起变形速率较大时,应增加观测次数;当变形量接近预警值或有事故征兆时,应持续观测。

5 基坑开始开挖至回填结束前或在基坑降水期间,还应对基坑边缘外围 1 ~ 2 倍基坑深度范围内或受影响的区域内的建(构)筑物、地下管线、道路、地面等进行变形监测。

7.5.4 对于开挖面积较大、深度较深的重要建(构)筑物的基坑,应根据需要或设计要求进行基坑回弹观测,并符合下列规定:

1 回弹变形观测点,宜布设在基坑的巾心和基坑中心的纵横轴线上能反映回弹特征的位置;轴线上距离基坑边缘外的 2 倍坑深处,也应设置回弹变形观测点。

2 观测标志,应压入基底面下 10 ~ 20 cm。其钻孔必须垂直,并应设置保护管。

3 基坑回弹变形观测精度等级,宜采用三等。

4 回弹变形观测点的高程,宜采用水准测量方法,并在基坑开挖前、开挖后及浇灌基础前,各测定 1 次。对传递高程的辅助设备,应进行温度、尺长和拉力等项修正。

7.5.5 重要的高层建筑或大型工业建(构)筑物,应根据工程需要或设计要求,进行地基土的分层垂直位移观测,并符合下列规定:

1 地基土分层垂直位移观测点位,应布设在建(构)筑物的地基中心附近。

2 观测标志埋设的深度,最浅层应埋设在基础底面下 50 cm;最深层应超过理论上的压缩层厚度。

3 观测标志,应由内管和保护管组成,内管顶部应设置十球状的立尺标志。

4 地基土的分层垂直位移观测宜采用三等精度,且应在基础浇灌前开始;观测的周期,宜符合本规范第 7.5.8 条第 3 款的规定。

7.5.6 地下水位监测,应符合下列规定:

1 监测孔(井)的布设,应顾及施工区至河流(湖、海)的距离、施工区地下水位、周边水域水位等因素。

2 监测孔(井)的建立,可采用钻孔加井管进行,也可直接利用区域内的水井。

3 水位量测,宜与沉降观测同步,但不得少于沉降观测的次数。

7.5.7 工业与民用建(构)筑物的水平位移测量,应符合下列规定:

1 水平位移变形观测点,应布设在建(构)筑物的下列部位:

1)建筑物的主要墙角和柱基上以及建筑沉降缝的顶部和底部。

2)当有建筑裂缝时,还应布设在裂缝的两边。

3）大型构筑物的顶部、中部和下部。

2 观测标志宜采用反射棱镜、反射片、照准觇牌或变径垂直照准杆。

3 水平位移观测周期，应根据工程需要和场地的工程地质条件综合确定。

7.5.8 工业与民用建（构）筑物的沉降观测，应符合下列规定：

1 沉降观测点，应布设在建（构）筑物的下列部位：

1）建（构）筑物的主要墙角及沿外墙每 10～15 m 处或每隔 2～3 根柱基上。

2）沉降缝、伸缩缝、新旧建（构）筑物或高低建（构）筑物接壤处的两侧。

3）人工地基和天然地基接壤处、建（构）筑物不同结构分界处的两侧。

4）烟囱、水塔和大型储藏罐等高耸构筑物基础轴线的对称部位，且每一构筑物不得少于 4 个点。

5）基础底板的四角和中部。

6）当建（构）筑物出现裂缝时，布设在裂缝两侧。

2 沉降观测标志应稳固埋设，高度以高于室内地坪（±0 面）0.2～0.5 m 为宜。对于建筑立面后期有贴面装饰的建（构）筑物，宜预埋螺栓式活动标志。

3 高层建筑施工期间的沉降观测周期，应每增加 1～2 层观测 1 次；建筑物封顶后，应每 3 个月观测一次，观测一年。如果最后两个观测周期的平均沉降速率小于 0.02 mm/日，可以认为整体趋于稳定，如果各点的沉降速率均小于 0.02 mm/日，即可终止观测。否则，应继续每 3 个月观测一次，直至建筑物稳定为止。

工业厂房或多层民用建筑的沉降观测总次数，不应少于 5 次。竣工后的观测周期，可根据建（构）筑物的稳定情况确定。

7.5.9 建（构）筑物的主体倾斜观测，应符合下列规定：

1 整体倾斜观测点，宜布设在建（构）筑物竖轴线或其平行线的顶部和底部，分层倾斜观测点宜分层布设高低点。

2 观测标志，可采用固定标志、反射片或建（构）筑物的特征点。

3 观测精度，宜采用三等水平位移观测精度。

4 观测方法，可采用经纬仪投点法、前方交会法、正锤线法、激光准直法、差异沉降法、倾斜仪测记法等。

7.5.10 当建（构）筑物出现裂缝且裂缝不断发展时，应进行建筑裂缝观测。裂缝观测，应满足本规范 7.4.12 条的要求。

7.5.11 当建（构）筑物因日照引起的变形较大或工程需要时，应进行日照变形观测且符合下列规定：

1 变形观测点，宜设置在监测体受热面不同的高度处。

2 日照变形的观测时间，宜选在夏季的高温天进行。一般观测项目，可在白天时间段观测，从日出前开始定时观测，至日落后停止。

3 在每次观测的同时，应测出监测体向阳面与背阳面的温度，并测定即时的风速、风向和日照强度。

4 观测方法，应根据日照变形的特点、精度要求、变形速率以及建（构）筑物的安全性等指标确定，可采用交会法、极坐标法、激光准直法、正倒垂线法等。

7.6 水工建筑物变形监测

7.6.1 水工建筑物及其附属设施的变形监测项目和内容,应根据水工建筑物结构及布局、基坑深度、水库库容、地质地貌、开挖断面和施工方法等因素综合确定。监测内容应在满足工程需要和设计要求的基础上,可按表 7.6.1 选择。

表 7.6.1 水工建筑物变形监测项目

阶 段	项	目	主要检测内容
施工期	高边坡开挖稳定性监测		水平位移、垂直位移、挠度、倾斜、裂缝
	堆石体监测		水平位移、垂直位移
	结构物监测		水平位移、垂直位移、挠度、倾斜、接缝、裂缝
	临时围堰监测		水平位移、垂直位移、挠度
	建筑物基础沉降观测		垂直位移
	近坝区滑坡监测		水平位移、垂直位移、深层位移
运行期	坝体	混凝土坝	水平位移、垂直位移、挠度、倾斜、坝体表面接缝、裂缝、应力、应变等
		土石坝	水平位移、垂直位移、挠度、倾斜、裂缝等
		灰坝、尾矿坝	水平位移、垂直位移
		堤坝	水平位移、垂直位移
	涵闸、船闸		水平位移、垂直位移、挠度、裂缝、张合变形等
	库首区、库区	滑坡体	水平位移、垂直位移、深层位移、裂缝
		地质软弱层	
		跨断裂(断层)	
		高边坡	

7.6.2 施工期变形监测的精度要求,不应超过表 7.6.2 的规定。

表 7.6.2 施工期变形监测的精度要求

项 目 名 称	位移量中的误差(mm)		备 注
	平面	高程	
高边坡开挖稳定性监测	3	3	岩石边坡
	5	5	岩土混合或土质边坡
堆石体监测	5	5	
结构物监测	根据设计要求确定		
临时围堰监测	5	10	
建筑物基础沉降观测	—	3	
裂缝观测	1	—	混凝土构筑物、大型金属构件
	3	—	其他结构

续表

项目名称	位移量中的误差（mm）		备　注
	平面	高程	
近坝区滑坡监测	3	3	岩体滑坡体
	5～6	5	岩土混合或土质滑坡体

注:1　临时围堰位移量中的误差是指相对于围堰轴线,裂缝观测是指相对于观测线,其他项目是指相对于工作基点
　　　而言。
　　2　垂直位移观测,应采用水准测量;受客观条件限制时,也可采用电磁波测距三角高程测量。

7.6.3　混凝土水坝变形监测的精度要求,不应超过表 7.6.3 的规定。

表 7.6.3　混凝土水坝变形监测的精度要求

项　　　目				测量中误差
水平位移（mm）	坝体	重力坝、支墩坝		1.0
		拱坝	径向	2.0
			切向	1.0
	坝基	重力坝、支墩坝		0.3
		拱坝	径向	1.0
			切向	0.5
垂直位移（mm）				1.0
挠度（mm）				0.3
倾斜（"）	坝体			5.0
	坝基			1.0
坝体表面接缝、裂缝（mm）				0.2

注:1　中小型混凝土水坝的水平位移监测精度,可放宽 1 倍执行;土石坝,可放宽 2 倍执行。
　　2　中小型水坝的垂直位移监测精度,小型混凝土水坝不应超过 2 mm,中型土石坝不应超过 3 mm,小型土石坝不应
　　　超过 5 mm。

7.6.4　水坝坝体变形观测点的布设,应符合下列规定:

　　1　坝体的变形观测点,宜沿坝轴线的平行线布设。点位宜设置在坝顶和其他能反映坝体变形特征的部位;在关键断面、重要断面及一般断面上,应按断面走向相应布点。

　　2　混凝土坝每个坝段,应至少设立 1 个变形观测点;土石坝变形观测点,可均匀布设,点位间距不应超过 50 m。

　　3　有廊道的混凝土坝,可将变形观测点布设在基础廊道和中间廊道内。

　　4　水平位移与垂直位移变形观测点,可共用同一桩位。

7.6.5　水坝的变形监测周期,应符合下列规定:

　　1　坝体施工过程中,应每半个月或每个月观测 1 次。

　　2　坝体竣工初期,应每个月观测 1 次;基本稳定后,宜每 3 个月观测 1 次。

　　3　土坝宜在每年汛前、汛后各观测 1 次。

　　4　当出现下列情况之一时,应及时增加观测次数:

　　1）水库首次蓄水或蓄水排空。

2）水库达到最高水位或警戒水位。

3）水库水位发生骤变。

4）位移量显著增大。

5）对大坝变形影响较大的高低温气象天气。

6）库区发生地震。

7.6.6 灰坝、尾矿坝的变形监测,可根据水坝的技术要求适当放宽执行。

7.6.7 堤坝工程在施工期和运行期的变形监测内容、精度和观测周期,应根据堤防工程的级别、堤形、设计要求和水文、气象、地形、地质等条件合理确定。

7.6.8 大型涵闸除进行位移监测外,还应进行闸门、闸墙的张合变形监测。监测中误差不应超过 1.0 mm。大型涵闸的变形观测点,应布设在闸墙两边和闸门附近等位置。

7.6.9 库首区、库区地质缺陷、跨断裂及地震灾害监测,应符合下列规定:

1 库首区、库区地质缺陷监测的对象包括滑坡体、地质软弱层、施工形成的高边坡等。其监测项目、点位布设和观测周期,按本章 7.9 节的有关规定执行。

2 跨断裂及地震灾害监测,应结合地震台网的分布及区域地质资料进行,并满足下列要求:

1）监测点位,应布设在地质断裂带的两侧;点位间距,根据需要合理确定。必要时还应进行平洞监测。

2）变形监测宜采用三角形网、GPS 网、水准测量、精密测（量）距、裂缝观测等方法。重要监测项目,变形观测点的点位和高程中误差不应超过 1.0 mm;普通监测项目,精度可适当放宽。

3）监测周期,应按不同监测区域的重要性和危害程度分别确定。对于重要的、变形速率较快的监测体,宜每周观测 1 次;变形速率较小时,其监测周期可适当加大。

7.7 地下工程变形监测

7.7.1 地下工程变形监测项目和内容,应根据埋深、地质条件、地面环境、开挖断面和工法等因素综合确定。监测内容应根据工程需要和设计要求,按表 7.7.1 选择。应力监测和地下水位监测选项,应满足工程监控和变形分析的需要。

表 7.7.1 地下工程变形监测项目

阶 段	项	目		主要监测内容
地下工程施工阶段	地下建（构）筑物基坑	支护结构	位移监测	支护结构水平侧向位移、垂直位移
				立柱水平位移、垂直位移
			挠度监测	桩墙挠曲
			应力监测	桩墙侧向水平压力和桩墙内力、支护结构界面上侧向压力、水平支撑轴力
		地基	位移监测	基坑回弹、分层地基土沉降
			地下水	基坑内外地下水位

阶 段	项	目	主要监测内容		
地下工程施工阶段	地下建(构)筑物	结构、基础	位移监测	主要柱基、墩台的垂直位移、水平位移、倾斜	
				连续墙水平侧向位移、垂直位移、倾斜	
				建筑裂缝	
				底板垂直位移	
			挠度监测	桩墙(墙体)挠度、梁体挠度	
			应力监测	侧向底层抗力及地基反力、地层压力、静水压力及浮力	
	地下隧道	隧道结构	位移监测	隧道拱顶下沉、隧道地面回弹、衬砌结构收敛变形	
				衬砌结构裂缝	
				围岩内部位移	
			挠度监测	侧墙挠曲	
			地下水	地下水位	
			应力监测	围岩压力及支护间应力、锚杆内力和抗拔力、钢筋格栅拱架内力及外力、衬砌内应力及表面应力	
	受影响的地面建(构)筑物、地表沉陷、地下管线	地表面地面建(构)筑物地下管线	位移监测	地表沉陷	
				地面建筑物水平位移、垂直位移、倾斜	
				地面建筑裂缝	
				地下管线水平位移、垂直位移	
				土体水平位移	
			地下水	地下水位	
地下工程运营阶段	地下建(构)筑物	结构、基础	位移监测	主要柱基、墩台的垂直位移、水平位移、倾斜	
				连续墙水平侧向位移、垂直位移、倾斜	
				建筑裂缝	
				底板垂直位移	
			挠度监测	连续墙挠曲、梁体挠度	
			地下水	地下水位	
	地下隧道	结构、基础	位移监测	衬砌结构变形	
				衬砌结构裂缝	
				拱顶下沉	
				底板垂直位移	
			挠度监测	侧墙挠曲	

7.7.2 地下工程变形监测的精度,应根据工程需要和设计要求合理确定,并符合下列规定:

　　1　重要地下建(构)筑物的结构变形和地基基础变形,宜采用二等精度;一般的结构变形和基础变形,可采用三等精度。

　　2　重要的隧道结构、基础变形,可采用三等精度;一般的结构、基础变形,可采用四等精度。

3 受影响的地面建(构)筑物的变形监测精度,应符合表 7.1.3 的规定。地表沉陷和地下管线变形的监测精度,不低于三等。

7.7.3 地下工程变形监测的周期,应符合下列规定:

1 地下建(构)筑物的变形监测周期应根据埋深、岩土工程条件、建筑结构和施工进度确定。

2 隧道变形监测周期,应根据隧道的施工方法、支护衬砌工艺、横断面的大小以及隧道的岩土工程条件等因素合理确定。

当采用新奥法施工时,新设立的拱顶下沉变形观测点,其初始观测值应在隧道下次掘进爆破前获取。变形观测周期,应符合表 7.7.3-1 的规定。

表 7.7.3-1 新奥法施工拱顶下沉变形监测的周期

阶 段	0~15 天	16~30 天	31~90 天	>90 天
周 期	每日观测 1~2 次	每 2 日观测 1 次	每周观测 1~2 次	每月观测 1~3 次

当采用盾构法施工时,对不良地质构造、断层和衬砌结构裂缝较多的隧道断面的变形监测周期,在变形初期宜每天观测 1 次,变形相对稳定后可适当延长,稳定后可终止观测。

3 对于基坑周围建(构)筑物的变形监测,应在基坑开始开挖或降水前进行初始观测,回填完成后可终止观测。其变形监测宜与基坑变形监测同步。

4 对于受隧道施工影响的地面建(构)筑物、地表、地下管线等的变形监测,应在开挖面距前方监测体 $H+h$(H 为隧道埋深,单位为 m;h 为隧道高度,单位为 m)时进行初始观测。观测初期,宜每天观测 1~2 次,相对稳定后可适当延长监测周期,恢复稳定后可终止观测。

当采用新奥法施工时,其地面建(构)筑物、地表沉陷的观测周期应符合表 7.7.3-2 的规定。

表 7.7.3-2　新奥法施工地面建(构)筑物、地表沉陷的观测周期

监测体或监测断面距开挖工作面的前、后距离	$L<2B$	$2B\leqslant L<5B$	$L\geqslant5B$
周 期	每日观测 1~2 次	每 2 日观测 1 次	每周观测 1 次

注:1 表中 L 为监测体或监测断面距开挖工作面的前、后距离,单位为 m;B 为开挖面宽度,单位为 m。

　　2 新奥法施工时,当地面建(构)筑物、地表沉陷观测 3 个月后,可根据变形情况将观测周期调整为每月观测 1 次,直到恢复稳定为止。

5 地下工程施工期间,当监测体的变形速率明显增大时,应及时增加观测次数;当变形量接近预警值或有事故征兆时,应持续观测。

6 地下工程在运营初期,第一年宜每季度观测一次,第二年宜每半年观测一次,以后宜每年观测 1 次,但在变形显著时,应及时增加观测次数。

7.7.4 地下工程基坑变形监测的主要技术要求,应符合本规范第 7.5.3 条第 1~4 款的规定;应力监测的计量仪表,应满足测试要求的精度;基坑回弹、分层地基土和地下水位的监测,应分别符合本规范第 7.5.4~7.5.6 条的规定。

7.7.5 地下建(构)筑物的变形监测,应符合下列规定:

1 水平位移观测的基准点,宜布设在地下建(构)筑物的出入口附近或地下工程的隧道内的稳定位置。工作基点,应设置在底板的稳定区域且不少于 3 点;变形观测点,应布设在变形比较敏感的柱基、墩台和梁体上;水平位移观测,宜采用交会法、视准线法等。

2 垂直位移观测的基准点,应选在地下建(构)筑物的出入口附近不受沉降影响的区域,也可将基准点选在地下工程的隧道横洞内,必要时应设立深层钢管标,基准点个数不应少于 3 点;变形观测点应布设在主要的柱基、墩台、地下连续墙墙体、地下建筑底板上;垂直位移观测宜采用水准测量方法或静力水准测量方法,精度要求不高时也可采用电磁波测距三角高程测量方法。

7.7.6 隧道的变形监测,应符合下列规定:

1 隧道的变形监测,应对距离开挖面较近的隧道断面、不良地质构造、断层和衬砌结构裂缝较多的隧道断面的变形进行监测。

2 隧道内的基准点,应埋设在变形区外相对稳定的地方或隧道横洞内。必要时,应设立深层钢管标。

3 变形观测点应按断面布设。当采用新奥法施工时,其断面间距宜为 10～50 m,点位应布设在隧道的顶部、底部和两腰,必要时可加密布设,新增设的监测断面宜靠近开挖面。当采用盾构法施工时,监测断面应选择并布设在不良地质构造、断层和衬砌结构裂缝较多的部位。

4 隧道拱顶下沉和底面回弹,宜采用水准测量方法。

5 衬砌结构收敛变形,可采用极坐标法测量,也可采用收敛计进行监测。

7.7.7 地下建筑物的建筑裂缝观测,按本规范第 7.4.12 条的要求执行。

7.7.8 地下建(构)筑物、地下隧道在施工和运营初期,还应对受影响的地面建(构)筑物、地表、地下管线等进行同步变形测量,并符合下列规定:

1 地面建(构)筑物的垂直位移变形观测点应布设在建筑物的主要柱基上,水平位移变形观测点宜布设在建筑物外墙的顶端和下部等变形敏感的部位。点位间距以 15～20 m 为宜。

2 地表沉陷变形观测点应布设在地下工程的变形影响区内。新奥法隧道施工时,地表沉陷变形观测点,应沿隧道地面中线呈横断面布设,断面间距宜为 10～50 m,两侧的布点范围宜为隧道深度的 2 倍,每个横断面不少于 5 个变形观测点。

3 变形区内的燃气、上水、下水和热力等地下管线的变形观测点,宜设立在管顶或检修井的管道上。变形观测点可采用抱箍式和套筒式标志;当不能在管线上直接设点时,可在管线周围土体中埋设位移传感器间接监测管线的变形。

4 变形观测宜采用水准测量方法、极坐标法、交会法等。

7.7.9 地下工程变形监测的各种传感器,应布设在不良地质构造、断层、衬砌结构裂缝较多和其他变形敏感的部位,并与水平位移和垂直位移变形观测点相协调;应力、应变监测的主要技术要求,应符合本规范第 7.4.16 条的规定。

7.7.10 地下工程运营期间,变形监测的内容可适当减少,监测周期也可相应延长,但必须满足运营安全监控的需要。其主要技术要求与施工期间相同。

7.8 桥梁变形监测

7.8.1 桥梁变形监测的内容,应根据桥梁结构类型按表 7.8.1 选择。

表 7.8.1　桥梁变形监测项目

类　型	施工期主要监测内容	运营期主要监测内容
梁式桥	桥墩垂直位移 悬臂法浇筑的梁体水平、垂直位移 悬臂法安装的梁体水平、垂直位移 支架法浇筑的梁体水平、垂直位移	桥墩垂直位移 桥面水平、垂直位移
拱桥	桥墩垂直位移 装配式拱圈水平、垂直位移	桥墩垂直位移 桥面水平、垂直位移
悬索桥斜拉桥	索塔倾斜、塔顶水平位移、塔基垂直位移 主缆线性形变(拉伸变形) 索夹滑动位移 梁体水平、垂直位移 散索鞍相对转动 锚碇水平、垂直位移	索塔倾斜、垂直位移 桥面水平、垂直位移
桥梁两岸边坡	桥梁两岸边坡水平、垂直位移	桥梁两岸边坡水平、垂直位移

7.8.2　桥梁变形监测的精度,应根据桥梁的类型、结构、用途等因素综合确定,特大型桥梁的监测精度,不宜低于二等,大型桥梁不宜低于三等,中小型桥梁可采用四等。

7.8.3　变形监测可采用 GPS 测量、极坐标法、精密测(量)距、导线测量、前方交会法、正垂线法、电垂直梁法、水准测量等。

7.8.4　大型桥梁的变形监测,必要时应同步观测梁体和桥墩的温度、水位和流速、风力和风向。

7.8.5　桥梁变形观测点的布设,应满足下列要求:

1　桥墩的垂直位移变形观测点,宜沿桥墩的纵、横轴线布设在外边缘,也可布设在墩面上。每个桥墩的变形观测点数,视桥墩大小布设 1~4 点。

2　梁体和构件的变形观测点,宜布设在其顶板上。每块箱体或板块,宜按左、中、右分别布设三点;构件的点位宜布设在其 1/4、1/2、3/4 处。

悬臂法浇筑或安装梁体的变形观测点,宜沿梁体纵向轴线或两侧边缘分别布设在每段梁体的前端和后端。

支架法浇筑梁体的变形观测点,可沿梁体纵向轴线或两侧边缘布设在每个桥墩和墩间梁体的 1/2、1/4 处。

装配式拱架的变形观测点,可沿拱架纵向轴线布设在每段拱架的两端和拱架的 1/2 处。

3　索塔垂直位移变形观测点,宜布设在索塔底部的四角;索塔倾斜变形观测点,宜在索塔的顶部、中部和下部并沿索塔横向轴线对称布设。

4　桥面变形观测点,应在桥墩(索塔)和墩间均匀布设,点位间距以 10~50 m 为宜。大型桥梁,应沿桥面的两侧布点。

5　桥梁两岸边坡变形观测点,宜成排布设在边坡的顶部、中部和下部,点位间距以 10~20 m 为宜。

7.8.6　桥梁施工期的变形监测周期,应根据桥梁的类型、施工工序、设计要求等因素确定。

7.8.7　桥梁运营期的变形监测,每年应观测 1 次。也可在每年的夏季和冬季各观测 1 次。当洪水、地震、强台风等自然灾害发生时,应适当增加观测次数。

7.9 滑坡监测

7.9.1 滑坡监测的内容,应根据滑坡危害程度或防治工程等级,按表7.9.1选择。

7.9.2 滑坡监测的精度,不应超过表7.9.2的规定。

表 7.9.1 滑坡监测内容

类 型	阶 段	主要监测内容
滑坡	前期	地表裂缝
	整治期	地表的水平位移和垂直位移、深部钻孔测斜、土体或岩体应力、水位
	整治后	地表的水平位移和垂直位移、深部钻孔测斜、地表倾斜、地表裂缝、土体或岩体应力、水位

注:滑坡监测,必要时还应监测区域的降雨量和进行人工巡视。

表 7.9.2 滑坡监测的精度要求

类 型	水平位移监测的点位中误差(mm)	垂直位移监测的高程中误差(mm)	地表裂缝的观测中误差(mm)
岩质滑坡	6	3.0	0.5
土质滑坡	12	10	5

7.9.3 滑坡水平位移观测,可采用交会法、极坐标法、GPS测量和多摄站摄影测量方法;深层位移观测,可采用深部钻孔测斜方法。垂直位移观测,可采用水准测量和电磁波测距三角高程测量方法。地表裂缝观测,可采用精密测(量)距方法。

7.9.4 滑坡监测变形观测点位的布设,应符合下列规定:

1 对已明确主滑方向和滑动范围的滑坡,监测网可布设成十字形和方格形,其纵向应沿主滑方向,横向应垂直于主滑方向;对主滑方向和滑动范围不明确的滑坡,监测网宜布设成放射形。

2 点位应选在地质、地貌的特征点上。

3 单个滑坡体的变形观测点不宜少于3点。

4 地表变形观测点,宜采用有强制对中装置的墩标,困难地段也应设立固定照准标志。

7.9.5 滑坡监测周期,宜每月观测一次,并可根据旱、雨季或滑移速度的变化进行适当调整。邻近江河的滑坡体,还应监测水位变化。水位监测次数,不应少于变形观测的次数。

7.9.6 滑坡整治后的监测期限,当单元滑坡内所有监测点三年内变化不显著并预计若干年内周边环境无重大变化时,可适当延长监测周期或结束阶段性监测。

7.9.7 工程边坡和高边坡监测的点位布设,可根据边坡的高度,按上中下成排布点。其监测方法、监测精度和监测周期与滑坡监测的基本要求一致。

7.10 数据处理与变形分析

7.10.1 对变形监测的各项原始记录,应及时整理、检查。

7.10.2 监测基准网的数据处理,应符合下列规定:

1 观测数据的改正计算、检核计算和数据处理方法,按本规范第3、4章的相关规定执行。

2 规模较大的网,还应对观测值、坐标和高程值、位移量进行精度评定。

3 监测基准网平差的起算点,必须是经过稳定性检验合格的点或点组。监测基准网点位稳定性的检验,可采用下列方法进行:

1)采用最小二乘测量平差的检验方法。复测的平差值与首次观测的平差值较差△,在满足(7.10.2)式要求时,可认为点位稳定。

$$\triangle < 2\mu\sqrt{2Q} \tag{7.10.2}$$

式中　△——平差值较差的限值;

　　　μ——单位权中误差;

　　　Q——权系数。

2)采用数理统计检验方法。

3)采用1)、2)项相结合的方法。

7.10.3 变形监测网观测数据的改正计算和检核计算,应符合本节7.10.2条第1、2款的规定;监测网的数据处理,可采用最小二乘法进行平差。

7.10.4 变形监测数据处理中的数值取位要求,应符合表7.10.4的规定。

表7.10.4　数据处理中的数值取位要求

等　级	方向值(″)	边长(mm)	坐标(mm)	高程(mm)	水平位移量(mm)	垂直位移(mm)
一、二等	0.01	0.1	0.1	0.01	0.1	0.01
三、四等	0.10	1.0	1.0	0.10	1.0	0.10

7.10.5 监测项目的变形分析,对于较大规模的或重要的项目,宜包括下列内容;较小规模的项目,至少应包括本条第1~3款的内容。

1 观测成果的可靠性。

2 监测体的累计变形量和两相邻观测周期的相对变形量分析。

3 相关影响因素(荷载、气象和地质等)的作用分析。

4 回归分析。

5 有限元分析。

7.10.6 变形监测项目,应根据了程需要,提交下列有关资料:

1 变形监测成果统计表。

2 监测点位置分布图;建筑裂缝位置及观测点分布图。

3 水平位移量曲线图;等沉降曲线图(或沉降曲线图)。

4 有关荷载、温度、水平位移量相关曲线图;荷载、时间、沉降量相关曲线图;位移(水平或垂直)速率、时间、位移量曲线图。

5 其他影响因素的相关曲线图。

6 变形监测报告。

本规范用词说明

1 为便于在执行本规范条文时区别对待,对要求严格程度不同的用词说明如下:

1）表示很严格,非这样做不可的用词：

正面词采用"必须",反面词采用"严禁"。

2）表示严格,在正常情况下均应这样做的用词：

正面词采用"应",反面词采用"不应"或"不得"。

3）表示允许稍有选择,在条件许可时首先应这样做的用词：

正面词采用"宜",反面词采用"不宜"；

表示有选择,在一定条件下可以这样做的用词,采用"可"。

2 本规范中指明应按其他有关标准、规范执行的写法为"应符合……的规定"或"应按……执行"。

参 考 文 献

[1]李仲.工程测量实训教程[M].北京:冶金工业出版社,2005.

[2]韩山农.公路与铁路施工测量现场现算先放实操案例[M].北京:中国建材工业出版社,2013.

[3]王天成.路桥工程测量技术[M].北京:中国铁道出版社,2013.

[4]王剑英.土建工程测量[M].北京:中国计量出版社,2009.

[5]王龙洋,魏仁国.建筑工程测量与实训[M].天津:天津科学技术出版社,2013.

[6]金仲秋,陈凯.工程测量[M].2版.北京:人民交通出版社,2014.

[7]高占云,刘求龙.道路工程测量技术[M].北京:科学出版社,2011.